花园MOOK　绿意凉风号

Vol.04　享受夏日的快乐

夏日炎炎，绿意满盈，这样一个热闹而丰富的季节里，《花园MOOK·绿意凉风号》与读者见面了。

夏季在很多国家是一年中最美妙的季节，但在我国大部分地区，却时而是晴日好风，时而是酷暑暴雨；一边是枝繁叶茂，一边是病虫害频生，真是个让人又爱又恨的时节。

回首四看，你的花园或露台上是不是除了枯枝败叶，只剩下死不了的太阳花？最伤心的莫过于精心养护的花草全部死掉，而那些不请自来的狗尾巴草却在玩命地疯长？而你本人是不是也已经绝望地缩进空调房，连浇水时都不忍去看一眼那满目疮痍？

本期专辑也许能解决你疑惑的问题：怎样在自己的养护能力范围内建造花园，怎样让植物和住宅和谐共处，怎样把专业公司严谨的基础设计和自己心目中零散的创意亮点结合起来……通过专辑里列举的六座风格、大小、植栽、管理方法都浑然不同的花园以及方方面面的造园建议，你一定能找到让自家花园面目一新的好方法。

夏天的花园虽然炎热却不寂寞，一个勤劳的园丁会让每个季节的花园都精彩起来。无论你是为了满足饕餮愿望的美食爱好者，还是追求丰富植物品种的博物家，亦或者是大胆创新、品味甚高的设计师，只要是热爱园艺，都将会从书中得到各种灵感和建议，满足你的探索欲望和好奇心。

花草，清风，加上茶。告别空调房，拿起手中的书，为夏日唤来习习凉风吧！

《花园MOOK》编辑部

图书在版编目（CIP）数据

花园MOOK·绿意凉风号 /（日）FG武藏编著；药草
花园等译. — 武汉：湖北科学技术出版社，2017.2
（2018.6重印）
ISBN 978-7-5352-8094-7

Ⅰ.①花… Ⅱ.①F… ②药… Ⅲ.①观赏园艺—
日本—丛刊 Ⅳ.①S68-55

中国版本图书馆CIP数据核字(2017)第044390号

「Garden And Garden」—vol.42、vol.38
@FG MUSASHI Co.,Ltd. 2012,2011
All rights reserved.
Originally published in Japan in 2012,2011 by
FG MUSASHI Co.,Ltd.
Chinese (in simplified characters only)
translation rights arranged with
FG MUSASHI Co.,Ltd. through Toppan Printing Co., Ltd.

主办：湖北长江出版传媒集团有限公司
出版发行：湖北科学技术出版社有限公司
出版人：何龙
编著：FG武藏
特约主编：药草花园
执行主编：唐洁
翻译组成员：陶旭 白舞青逸 末季泡泡
MissZ 64m 糯米 药草花园
本期责任编辑：林潇
渠道专员：王英
发行热线：027 87679468
广告热线：027 87679448
网址：http://www.hbstp.com.cn
订购网址：http://hbstp.taobao.com
封面设计：胡博
2017年3月第2版
2018年6月第3次印刷
印刷：武汉市金港彩印有限公司
定价：48.00元

欢迎加入 QQ 群
"绿手指园艺俱乐部 235453414"

花园DMOOK·绿意凉风号
CONTENTS　Vol.04 Summer

[Garden Design]

专家的手？自己的手？扣人

草花组合的妙诀，

花园饰品陈设的技巧，

都建立在花园整体设计的基础上。

令人目不暇接的炫美庭院，

充满张弛变化的魅力花园，

本特集将介绍若干

越看越让人心驰神往、富于设计力的花园作品。

小小改动，让花园气象一新！
"开始造园"必看的一章！

心弦、直达内心的花园设计

Contents

花园精妙如画
以专业设计为基础
用草花增添个性

要营造梦中花园，
设计及基础工作交给专业公司更可靠，
充分利用本地条件，
待基础施工大功告成，
添加花园主人精心挑选的花草，
让梦想成真。

绿意盎然的花园里小朋友在嬉戏。凉亭、栅栏等各处木材的
选用十分考究，沉着的色彩搭配创意出温馨和谐的感觉

[My Smart Garden]

法国农舍花园

花园主人憧憬一座法国风情的乡村庭院。借乔迁新居之机，先委托园艺设计公司对庭院进行了设计和基础施工。

设计着眼于打造可供休憩的第二起居室，在与起居室连接的凉亭和木夹板构成的空间配置户外桌椅，构建让起居室和庭院相连的优美环境。丰富的花草形成一道天然屏风，遮挡外来视线，保证空间的私密。

按照专家建议，洞门和花园摆设都使用与房子外壁协调一致的象牙色系以及不锈钢材质。通透的门廊篱笆缠绕黑莓，把道路深处的花草衬托得格外动人。

庭院里除了树木之外，其他植物多半由主人亲手植种。雪山八仙花（*Hydrangea arborescens 'Annabelle'*）、唐棣等布置出一个考究的空间。迷人的小花和果实让庭院倍增优雅，展现了园主的个人品味。

傍晚时分凉风徐徐，花园又成为餐厅。既是主人与孩子一起玩耍的愉快天地，也是一个放松心灵的休憩之所。

[*My Smart Garden*]

恍如法国农舍的乡村风格花园与植物朝夕相伴

风格独特的石台阶
让入口处气度不凡

1. 入口处的铸铁栅栏上攀爬着黑莓，成为一道天然屏障。脚下繁茂的法国薰衣草和百里香增添了优雅的色泽。2. 白色墙壁和绿叶对比鲜明，暖色系的石阶更增添了微妙变化。

凉亭下的空间
宛如一间户外起居室

3. 在葡萄叶尚未完全覆盖棚架时，加上手工制作的布篷营造清爽的景色。　4. 蛋糕和西柚水果茶是下午茶时间的常规菜单。　5. 因为有了柔软的坐垫，户外和室内一样放松。工具小屋不仅可以用于收纳，还可以发挥掩盖附近广告牌的功用。

野生情调的自然派
植栽富于魅力

在脚下蔓延的植物，充满了自然的风味。鼠尾草'红唇'的艳丽色泽，为庭园的幽暗调上一抹亮彩。

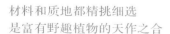

朴实无华的风格
安恬沉静的休憩之所

材料和质地都精挑细选
是富有野趣植物的天作之合

6. 土壤般的原色沙砾石，衬托得蜡花（Cerinthe major）叶片熠熠生辉。　7. 木夹板包围的墙面一角。亮色系的铺石和白色墙壁上，雪山绣球和银叶百里香交相辉映。

花园设计大盘点

花园不仅仅用于观赏，也是与家人共度轻松时光的场所。
繁茂的绿叶和淡雅小花自然地遮挡住外界的目光，成为全家安享闲适的空间。

Pergola

棚架

与起居室连起来，方便欣赏室外优美的风景。有拉门连通，可以自由出入庭院。

Shed

工具小屋

仿佛伫立在森林中的小屋，攀爬的铁线莲野趣十足。

Flower bed

花坛

铸铁饰品和趣味杂货的搭配，衬托出鼠尾草的亮丽花色。

Data 花园数据

面积／约80m²
特色／法国乡村风格
亮点植物／雪山绣球,铁线莲,蓝莓等

Wood Deck

木甲板露台

连接室内的木甲板。绿叶遮挡了外来的视线，甚至可以身着睡衣信步闲庭。

House

Flower bed

花坛

入口处的植栽将大门装点得丰富多彩，幽深自然。

Wall

墙面

幅度较宽的墙面爬上常青藤等藤本，把住宅和花园有机地结合起来。

Stairs

台阶

台阶一侧放置矾根等艳色系的盆栽花卉，吸引人的目光。

细心呵护木花架上的藤本月季'龙沙宝石'。小朋友也拎着水壶来帮忙。

选择月季品种时注重选择了花瓣繁多、蓬松的品种，远远看来给人柔美的印象。

将耗费精力的草坪庭院改造成一家人安享闲适的空间

买房之初，主人在房前屋后开辟了大片草坪。一年后发现草坪格外需要精力打理，不胜操劳之余，决心对花园进行大改造。因为要构筑缠绕着玫瑰的花棚、适合喝茶休闲的木甲板露台等大型硬件建设，于是请来了专业的设计公司。

Part 1

[My Smart Garden]

享受恬适时光的家居花园
三 面 封 闭 的 天 地
用绿叶繁花环绕的住宅
温 馨 宁 静 的 空 间

　　改造开始时，最大的难题是怎样在三面封闭的地块上展现创意。经过反复讨论，设计师首先把主人念念不忘的木花架放在前院的中心，在屋前围绕住宅的矮墙上，正对着木花架的地方开设了一扇侧门。侧门旁的矮墙直接延伸到花架下，自然形成花架的台基。从前的草坪则都用碎石铺成地面，无须维护。

　　侧门前方作为遮挡，曾经考虑设置一座凉亭，再用蔓生蔷薇爬满。但主人觉得没有完美打理的自信，经过设计师建议，利用常绿树木来遮掩外界的视线。

　　用于喝茶的木甲板露台则设置在较为隐蔽的后院，露台后面还追加了一个玻璃太阳房。晴天在露台上，下雨的日子和寒冷的冬季则从太阳房里眺望园中的景致，茶饮时光成了每天不可缺少的日课。

　　主人渐渐也有了照料植物的信心，开始着手计划增加月季的品种。

木花架柱脚的质感
衬托出草色的明媚

1.地面的碎石留出空隙，确保花架下的栽种空间。脚下的草花覆盖着月季的根部。2.花架柱脚的侧面是绿荫掩映的手抹墙。紧凑的空间里栽种了景天属植物，减弱了材质的僵硬感。3.亭亭玉立的薰衣草作为背景，合植三色堇和野芝麻（lamium）。

利用现有硬件，
添加少许新颖的元素，
确保充分的栽种空间

利用屋外的红砖矮墙
增添植物的丰满度

4.矮墙内种植了铁线莲'面纱'，朝砖石道路一侧牵引，营造出植物自然的流动感。　5.把从前的草坪改为碎石铺装，沿着住宅的墙壁和矮围墙构筑植栽空间。从道路上看，既加强了纵深度，也保证了一体感。

进出次数较多的工具小屋
选择刺少的蔷薇

因为家有年幼的孩子，为了安全起见，在小屋的周围选种了刺少的蔷薇品种'夏雪'。藤蔓沿着小窗环绕牵引，描绘出油画般的景致。小屋还收纳了孩子专用的儿童水壶。

米黄色和白色的油漆
让工具小屋和房屋的外墙色泽协调

手工制作的小屋按整栋住宅的样式缩小设计而成。停车场的砂砾也配合小屋选用了米黄色。

开放式的木甲板露台侧面
设置了阳光房

6.木甲板和栅栏的方向一致，给人整洁修长的印象。 7.为了栽培橄榄树，木甲板的一部分设计成凹角。 8.阳光房采用了下半墙壁、上半玻璃的做法。

花园设计大盘点！

花园不仅仅用于观赏，同样也是与家人共度轻松时光的场所。
繁茂的绿叶和淡雅小花自然遮挡外界的眼光，成为全家安享闲适的空间。

Wood Deck Sun Room

木甲板露台和阳光房

作为轻松休闲的空间，可以用于喝茶和用餐。
从室内眺望出去的角度经过了精心计算。

Front Garden

前院

日照不是很理想的前院，主要种植耐半阴的
宿根植物，显得郁郁葱葱。

Data 花园数据

面积／约50m²
特色／与住宅融为一体的家居式花园
亮点植物／奥莱菊 *(Orlaya grandiflora)*

Shed

工具小屋

放置园艺工具的收纳小屋，从马路上看就十分吸引眼球，成为这座庭院的焦点。

Pergola

棚架

给庭院增添立体感的重要道具。在支柱前方种上树木，营造出一个绿意盎然的空间。

Flower bed

花坛

几株常绿树遮挡后门，星芹和薰衣草等淡雅的花色为脚下增添明快色彩。

Part 2

[Flower Garden]

在树木与草坪的绿意葱笼中
装点亮丽的花朵
营造一座出类拔萃的
草花花园

怎样让精心培育的植物看起来更加美观？
魅力十足的草花花园的设计秘密，
在于不仅花色配置必须繁简有致，
绿叶的分量感也要恰到好处！

1. 窗户旁牵引藤本月季，形成令人难忘的景观。繁盛茂密的绿色，把花园和房屋有机地结合起来。2.'帕特·奥斯汀'和'雅子'等英国月季的专区。主人也感到月季数量已经多得不能再多。

与他人共享美景的开放花园
被色泽沉静的宿根植物和月季包围
令人心绪宁静

毛地黄和粉色大星芹（Astrantia major）等宿根植物为中心栽植。为增添变化而添加的一年生植物，都是主人在当年3月播种培育的。

绿植丰富的庭院，给人沉静舒心之感

进入这座花园，首先映入眼帘的是郁郁葱葱的草坪和立于中间的梅树。四周阔叶树木林立，到访者不禁要为这满目绿意做一次深呼吸。

再往前两三步，可以看见玫瑰和一年生花草的明快花色，清新悦目。

园主19年前开始打造这座庭院，若干年后因与花友们的一次新西兰之旅，想法发生了改变。

"花园不能仅为了取悦自己，应当给更多人带来快乐。"这一观念的转变影响了主人的庭院设计和种植手法，也激励她鼓起勇气把花园向公众开放，最终成就了这座开放花园。

花园的区域划分别具匠心，既有环抱四周的大规模绿植、开敞式草坪，也有曲线形园路和拱门。为营造出宁静幽美的气氛，绿植的叶量更逐渐递增，错落有致。景色渐次铺陈，引领客人渐入佳境。

许多初次到访的客人，会驻足数小时在园中徜徉留恋，这正是开放花园的魅力所在。

花园主人自制的木甲板露台。"一边喝茶，一边仰望头顶的玫瑰，曾经是梦想般的生活。"这种对悠闲时光的向往正是许多人造园的出发点和灵感源泉。

* 译注 开放花园：国外一部分花园主人会把私家花园向公众开放，供大众参观游览，分享园艺的乐趣。

塔形花架和支柱
让玫瑰开放在视线齐平的高度

主花园最深处的月季区域里，'珍妮·奥斯汀'和'帕特·奥斯汀'修剪成正好在视线高度开放。

巧用白色花朵
装点出富于立体感的花坛

3. 为场景增添清凉感的白色花卉里，特别是可以靠散落的种子自播繁殖的麦仙翁和花期长久的鼠尾草，是庭院中不可或缺的。

4. 奥莱菊（*Orlaya grandiflora*）具有清新的美感，和月季的搭配最为协调，蓬松的花姿烘托出柔美的氛围。

在光影斑驳的树荫下
五颜六色的草花竞相开放

枝叶茂密的树下安设木制花坛，显得干净整洁

如果观叶植物的叶片过于繁茂，反而会给人壅塞的印象。制作了小小的抬升式花坛，让景观整洁利落。

繁茂旺盛的植物让人对
园路的前方充满了期待

大头橐吾（*Liglaria japonica*）等植株繁茂的植物仿佛从园路两侧的花坛里涌溢出来，遮挡住前方的景观，反而增添了行人的期待感。

主花园里作为景观树的梅树对面，种植了各种多年生和
一年生植物，在初夏的日光下光彩照人。

Garden Map
花园设计大盘点！

充分考虑到访者的感受，设置花草繁茂的花坛，并与园路相连，观感美妙。休闲空间的巧妙构置也值得参考。

Arch
拱门

拱门上牵引了友人赠送的玫瑰。绚丽的红色花朵成为入口处的焦点，吸引到访者进入园内。

Symbol Tree
景观树木

从庭院建造开始就种下的梅树，如今已经极具姿态。

Pergora
棚架

木花架可以提升庭院格调，遮挡直射阳光，创造出休憩空间。玉簪等彩叶植物给脚下的阴影处增添了一丝明媚。

House

Flower bed

花坛

延伸到花园深处的园路两侧开发成了花境、花坛，以小型宿根植物为栽培主体。

Flower bed

花坛

栽种分量最大的一处。毛地黄和观赏麦草类体态丰满，形成华丽的景观。

Table Set

户外桌椅

放在一角的桌椅，是花园到访者小憩片刻的好去处。剪切下庭院里的花朵插在花瓶里，增添待客的趣味。

Wood Deck

木甲板露台

观赏庭院的特等座席，也是给来宾休憩的地方。四周环绕着藤本月季'冰山'。

***Data* 花园数据**

面积／约340m²

风格／绿意葱茏的开放花园

亮点植物／月季，绣球

入口处的宽幅门洞
让人对花园的规模充满期待

从设计的角度看，园主亲手制作的木门，延展了庭院的视觉宽度，从而产生开放感。蓬松丰满的藤本月季'春霞'，绽开笑容迎接到访的人们。

秋千架和草花
美如童话

进入大门，自然的景色如同林中漫步。大树上悬挂的秋千也是手工制作。虞美人和石竹星星点点，让人仿佛重回少女时代。

从光叶榉树的根部延伸出的蜿蜒小径，正前方是住宅，向左通往前院。向右的那条通向供水处的隐秘角落。

魅力十足的庭院
按照不同主题划分区域

18年前修筑新居时，拥有了一个大花园，自那以后园主便投身园艺世界，沉浸其中。

在地标般高耸的榉树俯视下的约500m²土地之上，园主精心培育了约80个品种的玫瑰。花儿竞相开放，争奇斗艳。

花园按主题划分为7个区域。夏季在供水处附近放置桌椅，营造私人空间。冬季大部分时间则在室温控制在20℃左右的暖

[*Flower Garden*]

在 宽 广 的 宅 基 上
欣 欣 向 荣 的 乔 木
和 缤 纷 绚 丽 的 花 卉
争 先 恐 后 地 展 示
各 自 的 魅 力

房内度过。形似井房的吧台由女主人设计，男主人亲手为她打造。每个区域皆是二人智慧的结晶，搭配以色彩斑斓的花草，风景如画，彰显了女主人的风格。

庭院面积相当大，营造出安恬气息又让人百看不厌的主要功臣是丰富的树木。从花园主角的榉树开始，栎树和各类针叶树巧妙地打破平坦的空间，创造出高低起伏的层次。顺着树木的线条，视线被引导至头顶上方的天空，此时仿佛这一方蓝天也成了园中景色。

唐棣、荼蘼花（*Rubus tokinibara*）等花木以其不同的树姿恰如其分地将花园中 7 个风格各异的区域区分开来。区域边界的设计引发来访者对另一头景色的好奇心。繁茂的枝叶映衬蔷薇的光彩，花坛景色愈发动人。

院子中心的草坪上大榉树投下浓荫，树枝摇曳的沙沙声渲染出一幕清新光景。光影斑驳的院子里，主人最爱的玫瑰显得格外悦目。

**乔木树叶轻柔地遮挡了夕晒
形成一个私密空间**

1.尖塔般耸立的针叶树遮挡了斜照的夕阳，提升了桌椅处的私密性。　2.主人手工制作的吧台。仿造老式井台，在枕木和水泵中穿过水管，堪称乡村风格的绝妙之作。汩汩水声令人心绪宁静。

**绿意葱笼的空间里楚楚
动人的白花散发着清新
气息**

3.茶藨花（*Rubus tokinibara*）和麻叶绣线菊（*Spiraea cantoniensis*）竞相开放时，仿佛一座小小的白色主题园。　4.从草坪到吧台延伸的小径上架设的拱门，被藤本月季'夏雪'点缀得如梦如幻。　5.温室和吧台间种植的茶藨花，把各个区域清晰地分割开来。

男主人的 DIY
将梦想的美景化为现实

移栽盆花，休闲饮茶，温室的用途可谓无穷无尽。根据一本杂志上的图片，男主人大显身手，DIY了这间个性化温室。

被花草簇拥环绕的温室
时光静静流淌的隐秘家园

在温室中信步而行
可以发现不同的庭院景观

6. 从温室里眺望出去，是百看不厌的美景。大型窗户给人深刻印象。　7. 温室延伸到供水处的园路。方形拱门上攀爬着繁花似锦的蒙大拿铁线莲，映衬得温室的墨绿色外墙格外美观。

Garden Map
花 园 设 计 大 盘 点 !

以开敞的草坪为中心，分割出 7 个区域。不同的景观通过
园路连接，使花园变化多端。

Pergora

木花架
木花架下方设置吧台，
添加户外桌椅，构成
休闲区。

Arch

拱门
划分草坪和吧台的木香墙垣
边，设置了攀爬藤本月季‘夏
雪’的拱门。

Green House Shed

温室和工具房
温室背后设置了收藏园艺工具的工具
房。同样是根据自家的需求，DIY 而成。

Data 花园数据

面积／约500m²
特色／通过分区来实现多变的个性
花园
亮点植物／彩叶植物

Cafe Cart
咖啡吧
庭院入口处设置咖啡吧，客人可以在此饮用咖啡。

Gate Arch
入口处大门
入口处宽阔的大门，由此进入花园。
蜿蜒曲折的小径，引导人们进入花园深处。

Swing
秋千架
入口处右边的栎树（*Quercus*）上悬挂着秋千，让人对庭院顿生亲切感。

House

Arch
拱门
从房屋东侧的阴生花园看出去，拱门的纤巧正好衬托出草坪的宽广。

[Small Garden]

Part 3

任意裁剪一块，都是令人难忘的风景

花园越小，
越见设计功力

决定小花园的开放感和意趣品味的，是精打细算的设计功底。
在有限的空间里施展身手，小花园的成功案例层出不穷。

别具一格的栅栏上，装点铸铁饰品。与住宅和谐相处的植栽，让过往行人也感到赏心悦目。

Wall

精心涂刷的油漆增添了诗情画意

从前绿色的栅栏，用橄榄绿和蓝色油漆混合之后涂刷而成，然后在轻抹少许褐色涂料，呈现出淳朴自然的风韵。

[*Small Garden*] 1

按照梦想的蓝图
不懈 DIY 努力的成果
手工和热爱造就的精致小花园

耗时经年的纯手工制作花园
历经打磨，来之不易

十几年前建造住所之时，主人就以"可以欣赏四季的花木"为目标，亲手开拓了小小的约 16m² 的一方花园。

长方形的院子四周筑了一道全长 60cm 的花坛，为布置盆栽植物确保空间。院子中央砌了亮色石块，放上桌椅，简单大方。开放式的设计使得有限的空间也显得很开阔。

院中的陈设几乎每一件都出自女主人的 DIY，通过反复改造与预想不符的部分，终于渐渐接近理想的风格。从事园艺之初，最先设计的是自己亲手制作的绿色木制篱笆。几年前，为搭配房屋的黄色墙壁，把篱笆重新刷成了更有韵味的暗绿色。当初设置在道路两侧的墙垣也改成了更有通透感的铁栅栏。

因为空间有限，视野的开阔与否，和院子的完美度息息相关。这样，不但提高了院子的亮度，开阔了空间，也改善了花坛的通风和日照。DIY 不仅为主人，也为植物们营造了一个适宜居住的环境。

角落里构筑三层式花坛
可以充分欣赏到不同的草花

玄关门口的小花坛建造成阶梯状，既提升
了高度，也带来缤纷的色彩。花坛的材质
由铸铁栅栏和红陶碎片组成，具有挡土功
效，样式独具一格。

提升草花的魅力
在花园里点缀
各种园艺饰品

Flower bed

斑叶植物和小白花的组合盆栽，构
成小小的纯白花园

绿叶覆盖的花坛上，放置着蓬松轻盈的白色小花
合植，在一只花盆里实现纯白花园之梦。
（纯白花园：创始于英国希德寇特花园，即在一
所花园里只栽种开白色花的花卉，配以银叶和灰
叶植物，构筑一种梦幻气氛。）

Pergola

绿叶覆盖的木花架支柱，给人悠远深邃之感

薜荔（*Ficus pumila*）的小型叶片用于制造高度，堪称绝妙。支
柱之间的栅栏悬挂组合花篮后，立刻显得雍容华丽。

Gate

门扉的开设
也充分顾及空间感

蓝色木门采用了下部锯空
的做法，地被植物从房屋
两侧的小径上蔓延伸出，
缓和了密封的压迫感。

Wall fountain

戏剧性十足的
鸟形水栓

古董风格的水栓把供水处装点得楚楚动人。彩色玻璃珠埋成的接水台，与绿叶相映成趣，凉意顿生。

Niche

左右对称的壁龛烘托出
喷泉的姿态

对称设置的壁龛，提升了壁泉的格调。喷泉附近薜荔（*Ficus pumila*）叶片光亮动人。

Niche

藤本植物环绕四周，壁龛
就像油画一般

牵引铁线莲'曙光'，环绕在壁龛四周，放上一只遍生青苔的陶盆，形成一幅难忘的风景。

Garden Map

花园设计大盘点！

围绕庭院建造的花坛里草花种植得井井有条，与建筑物融为一体，营造毫不局促的空间。

Data 花园数据

面积／约16m²
特色／DIY制品和小饰物装点的精致庭院
亮点植物／银色和巧克力色叶片的蕨类植物

树木和垂枝类、藤蔓类植物合理布局，各种景观与绿色背景有机结合起来，天然元素的资材更赋予花园整体感。

奇思妙想凝聚而成的精致小花园

这是公寓1楼住户的专属花园。在小小的约32m²的空间里，橄榄树、栎叶绣球繁茂旺盛，各处画面精彩纷呈，让人眼花缭乱。

5年前入居于此，主人开始着手打造花园。因为以前住公寓时不过偶尔种些盆花，完全没有造园经验，一开始就毫不犹豫地请来了专业的园艺公司。

在设计公司的指导下，确定了花园的风格和植栽。带着对初次地植的不熟悉以及过去盆栽时积累的经验，园主将细长的空间分区为花坛和盆

花花园，花坛的大小控制在便于打理的范围。既保留了美感，又不至于因为维护工作量太大而增添烦恼。

在面对卧室的地方设置花坛，树木等则随机种植。再以此为背景装上错落有致的棕灰色木屏障，挡住来自屋外的视线。整个设计的线条感十分出色，空间灵动变换，让人百看不厌。

这样的设计既让视野开阔，也使得屋内的人不用在意外界的视线，无需窗帘就可以安心欣赏院子里的风景。

[Small Garden]2

墙面和脚下
不拘一格的设计，
处处妙趣横生的微型花园

摆放盆花的空间则主要放置过去种植的月季、果树和一年生草花。利用枕木、木箱使之高低错落。盆栽摆放随意洒脱，布置杂货陈设，装饰感强烈。为防止杂草丛生，铺设沙砾道路把两块区域分割开来。具有节奏感的枕木踏脚石，突显了空间的纵深。主人接下来准备在路旁再种上铁线莲，供屋外的人们欣赏。

丰厚的收获让主人的花园梦越做越大。以往想都不敢想的私家花园，竟能在公寓房中尽情玩味展示。

路灯的右侧是盆栽花卉组合专区。通过高低错落，让人看到花盆的材质以及园艺饰品的风貌，构成一幅立体感十足的画面。

坐在椅子上眺望，窗框仿佛画框，把庭院中的景色凝结成一幅美妙的图画。

Wall

将盆花任意悬吊摆置
把墙面打扮得丰富多彩

1. 以板面为背景，悬吊常青藤等藤本植物。立体的展示增添了整个空间的色彩。　2. 把枕木和木箱当作花台，随心所欲地陈列当季的花卉。

Living The View

木板的长短组合
构成富有动态的栅栏

木板有长有短，既遮挡视线，又确保光照和通风，构筑了一个舒适的空间。

Garden Lamp

根据庭院尺寸而设置的
户外灯
成为画面的一部分

园艺公司的设计师选择的怀旧风格的户外灯。沉着稳重的姿态使庭院更加紧凑协调，灯本身也成了观赏的焦点。

Flower bed

给花坛增添高度
立体地装点庭院整体

卧室正面的花坛用红砖垫高抬升，不仅外观优美，植物的排水和土壤环境也变得更佳。

Ground

精心选择素材和设计
营造富于动感的地面

3.奶油色的沙砾铺满地面，将枕木放置其中作为踏脚石。零星种植的头花蓼（*Polygonum capitatum*）伸展成可爱的圆球，自然风味十足。　4.地面一角铺设石块地垫，让脚下也有色彩变化。平展的地垫让花盆摆放得更加安稳，集合大型花盆构筑成一个专属角落。

Garden Map

花园设计大盘点！

地栽花坛和盆栽花卉分开，在庭院中造就两个横长块面。墙壁和地面稍事修饰，避免单调感，形成一个处处有风景的浓缩空间。

Data 花园数据

面积／约32m²
特色／各种设计元素浓缩而成的微型花园
亮点植物／可爱的小花，叶片有观赏性的植物

House

明艳华美的
外墙、入口处

作为一个家的脸面，外墙和入口大门充分显示了主人的品味。因为需要常年保持美观，此处的植栽应该充分考虑到自己可能用于打理的时间。

利用栅栏线条
构筑具有亲和力的
外墙花坛

从栅栏上方垂下淡紫色的花簇，外墙花坛里种上春意盎然的球根植物和草花，散发出女性的柔美气息。

白色外墙
配上深色花朵
明艳动人

白色墙壁为画布，栽种费利菊和六倍利等蓝色系花朵，再点缀少许深粉色花卉作为补色，整个色调变幻有致。

壁龛和种植箱
为入口处增光添彩

入口处侧面的木制种植箱涂刷成暗蓝色，把剪秋萝 (Lychnis) 和悬钩子 (Rubus) 等色彩柔和的植物衬托得明亮耀眼。

简洁的外墙
衬托繁茂的植物

白色和褐色组成的简洁外墙，从墙垣上垂下的旋花和蔓生迷迭香青翠欲滴，脚下的薰衣草清新宜人。

Part 4

Making of scene idea

花园设计的成功秘诀在于，能够创造多少值得一看的场景

动人心弦的情境营造妙法

再出色的花园饰品或户外家具，也一定要配合植物的青枝绿叶，
才能发挥最大的观赏效果。
本篇将充分发挥饰物的作用，介绍让绿色植栽更加迷人的若干小窍门。

整洁的
架子

小型花盆和杂货，用室内装饰的方法归类放好，可以制造整洁的感觉。或者制作一个展示角，也可以让庭院产生起伏变化。

花盆归拢
放在木架子上
形成朴素的一角

将在木书架或原木箱子里的花盆排列好，在花园一角构筑一个简单的展示角。微型月季的绿叶让环境生机勃勃。

香草和杂货
组成整洁清秀的亮点

白色的架子上香草的绿意和铁皮的古旧感相映成趣。红叶甜菜鲜艳的朱红色令人印象深刻。

杂货和植物
让清爽的白色空间
更加惬意

白色的置物箱重叠起来，成为陈设小物件的好去处。整体白色的空间用杂货和植物装饰得清爽宜人。

明快的白色室内
点缀各种绿叶
令人赏心悦目

兼作工作室的温室架子上摆放着洋兰和多肉植物，从窗户看出去，盛开的月季背景美妙多姿。

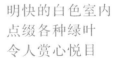

古董感十足的铁架上
放置多肉植物

涂刷成灰色的铸铁储物架上装饰着古旧质感的杂货和多肉植物。花瓶里的草花则增添一抹清新亮彩。

让周边氛围瞬间高雅不凡的
容器花盆使用方法

可以轻松组合花卉来欣赏的盆花。注意避免随手乱放，精心选择一个恰如其分的地点安置，才能起到装饰效果。花盆的质感和形状也需要充分留意。

手压式水泵和植物
相映成趣
形成野趣盎然的风景

枕木长椅上放置手压式水泵，旁边摆放地锦（*Parthenocissus henryana*）和石竹花盆栽，洋溢着自然情趣。

合理利用狭小空间
同样可以充满魅力

花叶常青藤放入鸟笼，悬吊在红砖墙壁上。下面繁茂的旋花如手臂般轻柔地托扶着鸟笼，美不胜收。

暗淡的装饰品
也可以制造出
独具一格的景致

装饰鸟笼里放入通奶草'钻石霜'（*Euphorbia hypericifolia*），色泽沉静，更显出旁边绿叶的鲜嫩。

木花架的柱子上
也可以点缀草花组合

木花架的支柱上用铸铁花盆架悬吊着酒杯形花盆。深色三色堇组合在一起，增添了沉稳典雅的气韵。

装饰性强的花盆罩
让人印象深刻

野草莓和绵毛水苏的组合盆栽上放
一个造型独特的皇冠型盆罩，虽然
体积小，却是一个引人注目的小景。

藤蔓纤细的线条
营造出
清新感

木制的架子上小蔓长春花等常绿植
物飘然垂下，富有光泽的叶片明亮
而滋润。

改变大型花盆的高度
营造出
风格独特的角落

玄关的侧面是当季花卉组合盆栽
的角落。涂刷成蓝紫色的大花盆
放在显眼的折叠花台上，成为画
面的焦点。

小花园的
Greeting of the season
季节问候

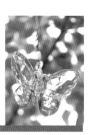

栽培水生植物的铁皮水桶，水面漂浮着蜡烛灯，营造出夏日黄昏清新的气息。

追求不懈的通透感

清新和水润是营造通透感的关键

日照渐强，紫外线防护日益重要的季节，帽子和手套等防晒道具成了从事园艺活动的女性朋友必不可少的装备。

防晒的原因很简单，每位女性都希望永远保持水灵灵的"美肌"。何谓美肌？首要条件当然是肌肤的透亮光泽。辞典中对"通透感"的解释为：水分越多，光感度越高。通透感又因色系和颜色深浅不同而效果各异，或清雅秀丽，或耀眼夺目，都可通过颜色深浅来表现。

不仅肌肤需要通透感，在室内装修和庭院设计上通透感也是一大要素。桌上放置一瓶水灵灵的鲜花，立现水润清新；若是把鲜花换成仿真花，就会黯然失色。

春季草木萌芽，新绿季节的草叶较为柔软，富含水分，甚至透明得晃眼。进入夏季之后，通透感顿失。所以夏季虽然是绿意盎然的季节，但这时草木叶色变浓，枝叶生长过于繁茂，反而失去晶莹剔透的感觉。在这样的季节，清新的通透感弥足珍贵，更需要我们着力营造。

可以适当修剪长得过于茂密的枝叶，减轻厚重感，以利于通风透光；也可以增加一些水分较多的植物，例如娇艳的大丽花或是清秀的百合等球根植物，来体现精彩纷呈的通透美。

在这里特别推荐淡蓝色系的蓝雪花，傍晚时沁心的淡蓝色花朵如梦如幻，配置于庭院深处，可以拉长空间纵深，达到通透的效果。

除了清淡花色的花朵，还可适当点缀一些深色或浓色系的花卉，形成对比而进一步强化通透的效果。

左起：黄昏时刻的蓝雪花疏影浮动，营造出幻想般的光景。/ 闪闪发光的红醋栗（Ribes altissimum）果实同样通透感十足。/ 夏天烈日下盛开的柠檬黄色百合，向四周散发着优雅的香气。/ 水池里的热带睡莲。微妙的花色和水景一起让庭院生机勃勃。

左起：古董感十足的蜡烛罩，衬托出树的青翠。顶上的花饰增加了明快意味。／大丽花具有蜡质感的黑色叶片对空间有收拢作用，更增加了光泽感。／窗铃的清澈声音，轻柔回荡，净化了周边空气。／水晶玻璃饰物，可向四周反射光线，带来清新的透明感。

焕发出植物自身的通透感

器皿和小物件使用得当也可为空间营造水润感。不妨尝试在树枝上悬挂一些玻璃器皿，虽然小巧也会带来别样的视觉感受。布置时尽量避开阳光的直射，可选择蔓生蔷薇攀缘的藤台树干等，穿过树叶的阳光能照到的地方为宜。阴影可以很好地烘托出光影效果，此时需要配合植物造景。正因为有植物的水灵，才凸显了器皿的美感，容器也随之鲜活灵动。

可利用篱笆、木壁等外景素材表现植物，材质和涂装方式也很重要。通透感不仅重在颜色更重在质感。园艺物品亚光磨砂的涂刷方法，更能衬托植物的水润效果。但说到底，首先必须保证植物不过于繁茂，看起来才会感到清爽。

除了视觉，其他感官体验也能制造通透感。比如听觉，音色越澄净，人们越能感受到空气的透明。音色清澈的窗铃，可以让人产生光斑点点的联想，声音混浊的风铃就不值得推荐。

嗅觉上，香气也有出众的效果。百合'卡萨布兰卡'或夜来香、茉莉的芳香沁人心脾，清新通透。白色花卉里香气馥郁的品种颇多，足以为夏日庭院送来习习馨芬。

在一个具有通透感的舒爽宜人的空间里度过的时光，澄清洁净了我们的心灵。

白色的手抹墙壁上，常青藤（Hedera hornbeam）蔓延攀缘。藤本植物恰到好处的勃勃生机，造就了赏心悦目的一景。

圆扇八宝（Hylotelephium sieboldii）与周围的绿叶相映成趣。

具有通透效果的十二卷，不靠近观察很难发现这种光彩，需要仔细推敲陈设方法。

让多肉植物焕发通透感的技巧

多肉植物体内含有大量水分，非常适合铁皮花器和颜色深重的容器。但是单单用多肉植物和铁皮花器组合，会让人联想到干旱的沙漠风景，印象单调。最好搭配鲜嫩润泽的观叶植物，增加润泽感。清新的绿叶丛，可以更好地烘托多肉植物的通透美。

阴浓影重却熠熠生辉
阴生花园的魅力

虽然不像向阳处花坛那般花团锦簇，背阴处的花园也有着独特的宁静魅力。
我们从以下两个背阴区域所占不同比例的庭院中，探索一下让背阴处变得美观的方法。

Case 1
**部分区域在
荫蔽处**

**① 用叶片上带白斑的植物和
小碎石增强亮度**

花叶肺草 (*Pulmonaria*) 叶片上的
白斑和小碎石为花园增加了明亮感。
肺草初春开放的蓝色花朵也很讨人
喜爱。

英国林地印象
一个既有石材露台
又有花坛的
小型花园

作为屏障种植的针叶树渐渐长大后，影子覆盖了树木的
根部，这样的荫蔽环境正好可以栽种那些喜阴畏阳的植物。
例如心叶牛舌草（*Brunnera macrophylla*）、玉簪花（*Hosta*）、
珊瑚钟（*Heuchera*）……营造出沉稳的气氛。

白色浴鸟盆既是观赏的焦点，同时也为景色增添了几分
明亮感。

阴暗区稍前方可以照到太阳的地带开辟了一个小小花
坛。为了让背阴处不至于过分黑暗，可以选择矮小、细叶的
花草，这样生长在背阴处的观叶植物会把花朵的颜色衬托得
更加娇艳。在这两片区域中间铺上一条碎石小径，确保良好
的光照和通风。

② 互相映衬的两片种植区域

左图／在光照充足的花坛里，播种钓钟柳'淡
紫黄昏'（*Penstemon* 'Violet Dusk'）、白晶菊
（*Leucanthemum paludosum*）等花草来增添色彩。
右图／掺有蓝色的灰绿色玉簪花（*Hosta*）为阴暗
角落增添了一份清新气息，同时，也发挥了紧凑
空间的作用。可在植物前放置几块石板，作为庭
院小径尽头的标志。

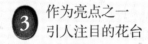

1 使用无底烤火盆
演绎时间静静流逝的感觉

常春藤和虎耳草等地被植物生长十分繁盛，叶丛中随意摆放的烤火盆中栽种木贼 (Equisetum hyemale) 。静谧的环境，仿佛能让人感觉到时间流逝，营造出一种阴翳处特有的风味。

Case 2
完全处于阴地
的花园

3 作为亮点之一
引人注目的花台

种植野花的花盆与窗下的花台搭配得完美无瑕。
在窗下花台上摆放一些种了野花的花盆，使之与花台相协调。因为花台足够高，可以得到良好的光照和通风。这种精心的布置让花台成为后院的焦点。

2 采用具有白色脉络的叶片
的植物给脚下增添光亮

用白色脉络的虎耳草来覆盖种植在门边的十大功劳的阴暗根部，没有固定形状的天然踏脚石散发着纯朴的乡土气息。

藓绿苔湿的后院
洋溢着
山野的气息

4 用砖头和天然石头堆砌而成的
壁面引人注目

在与邻居家交界的白色墙壁边，用砖头和天然石头堆砌。用常春藤和千叶兰 (Muehlenbeckia complexa)、白花络石藤等绿色植物组合，营造出清新自然的景观。

本页花园属于一家时装和咖啡结合的休闲咖啡吧。三面封闭的中庭和后院中，建造了一座沉稳安逸的阴生花园。

这座花园通过营造一种山野的气息，空间富有野趣和怀旧感。那些美丽的植物仿佛在向到访的人发出邀请，将他们拉入深处的庭院。后院栽种了枫树等小型树木，与满地的青苔和野花野草一起，显得清静幽雅。

庭院小路铺设枕木、鹅卵石、天然石块，让这座阴生花园既洋溢着野生的趣味，又不失清爽的时尚感。

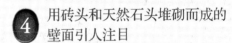

阴生花园的完美展示
景观设计的创意方法

树木脚下、建筑物侧边——花园里的阴地出人意料的多。
巧妙利用植物、杂货、建材消除黑暗，
创造被斑驳阳光照射的感觉。

Plants

利用花叶的色彩
使花园变得明亮鲜艳

耐阴植物以叶色取胜，品种较多。若是有效利用斑点、金黄色这类明亮色系或具有光泽感叶片的植物，可以创造出让人明媚通透的景观。

黑色、深铜色叶片的植物虽然亦有其精彩之处，但过多地使用这些深色系植物会使整体景观变暗。

运用颜色鲜艳的植物
改变阴暗处

1.金黄色叶片的卷柏（*Selaginella*）和叶片上带白斑的匍匐筋骨草（*Ajuga reptans*）形成完美组合。　2.在灌木树干下栽种叶片上带有白斑的羊角芹（*Aegopodium podagraria*）和蕨类植物，用淡绿来增添色彩。　3.用金黄圆叶景天(*Sedum makinoi*)和薜荔（*Ficus pumila*）等地被植物以及带有白斑的心叶牛舌草（*Brunnera macrophylla*）的叶片提升亮度，同时麦冬'黑龙'（*Ophionpogon planiscapus Nigrescens*）的深重色彩达到收缩空间的效果。

在白色花朵和白色墙壁的衬托下
绿色显得格外清新素雅

由白色天然石块堆砌而成的墙壁和前方的圣诞玫瑰（*Helleborus*），营造出一个明亮斑驳的空间。利用圣诞玫瑰、富贵草（*Pachysandra terminalis*）等多年生常绿植物让花坛全年都充满生机。

植物 + 杂货
使空间得到充分利用

叶片带白斑的欧活血丹（*Glechoma hederacea*）生长旺盛，增加了长椅下的亮度。而大小不一、可爱的南瓜饰品又为阴生花园带来了别样风味。

Goods

用园艺饰品
打造花园的亮点

喜阴植物几乎不会出现花团锦簇的现象，应巧妙使用装饰物和家具来装扮这些貌似单调的空间。

认真构思与树木、叶片等主体植物相搭配的素材、颜色和设计方案，以此提高整体的氛围。

亮蓝色的栅栏制造出明快的感觉

在庭院路边花坛的一角，装置一排涂成亮蓝色的栅栏。栅栏与白色的鸟巢箱相搭配，成为角落的亮点。而鲜绿的常春藤则增添了一份清新感。

庭院里
隐藏着的装饰物
在编织美好的故事

在茂密的宿根草丛中隐藏着一只可爱的木鸭，烘托出老旧深远的意境。简单、朴素的杂货与自然巧妙地融为一体。

椅子和大型花盆的
搭配营造出
一种简洁感

树荫处摆放一张木椅，这经过岁月洗礼却风味更佳的椅子与栽种着玉簪花的花盆完美搭配，古趣盎然。

雕像的陈设
使庭院格外优雅

在爬满藤本月季的拱门下，摆放一座白色雕像。雕像身后色泽明丽的砖墙，格外烘托出雕像的存在。

用白色手推车
装点明快的角落

在铺满砖红色小石子的遮阴处摆放一辆手推车，与赤陶花盆和嫩绿的草花融为一体。白色的工具增加了亮度。营造出一个充满人情味的庭院。

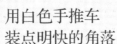

小黑老师的园艺课
Gardening Lesson

夏日庭院的三大明星：彩叶、观赏草、藤本植物

Profile
小黑老师

一位资深园艺师和设计师，他擅长营造乡村风情的旧式花园，在组合盆栽上也独有造诣。在这个专栏里，小黑老师将陪伴我们走过四季，与我们畅谈每个季节的花园设计和打理，以及怎样制作既有季节感，又别出心裁的组合盆栽。

这一次，我们来倾听小黑老师专门针对夏季的园艺课程，他将为我们展示夏季庭院的三大明星——彩叶、观赏草和藤本植物，以及利用这些植物制造清亮通透的夏日美景的方法。

彩叶和观赏草篇

大家好，转眼又到了烈日炎炎的夏季。面对地球温室效应导致的越来越炎热的夏季，怎样打造一座丝丝清凉的庭院，成了这个季节里最重要的事情。每天眺望的庭院，怎样保持它的魅力，同时又能为日常生活增添一点凉意呢？

从夏季到初秋，花园里的植物枝繁叶茂、绿叶成荫。这个时节，花坛的设计要点不能单单依靠花朵，而要大量地使用叶片和观赏草，营造出个性强烈而又富于异国情调的风味。首先，我喜欢"绿叶"。花坛里添加了观赏叶和观赏草后，会自然而然地产生出一种单靠花色无法表现的柔和细微的色彩，让整个景观妙不可言。而且，观赏草的姿态非常优美，飘逸的叶片随风摇曳，习习凉风仿佛悄然而至，可谓夏季花园的必胜道具。

蓝色、白色这一类冷色系的花朵与斑纹叶、金叶植物搭配组合，有清凉效果。而暗红色、黄色等暖色系的花朵和古铜色叶片搭配，则生出奇妙的异域风情。一旦决定了想在庭院里表现的色彩，彩叶和观赏草可以帮助你实现这个花坛梦想。因此，何不利用彩叶和观赏草给你的夏日花坛彻底来个形象大改造呢？

明亮的柠檬黄色花朵和观赏草中间种植着黑色矢车菊、杂交风铃草、蜡花等紫色系和蓝色系花朵，星星点点，让整个花境错落有致。

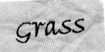

树木和地被植物之间轻盈飘逸的观赏草，让花坛产生微妙变化

随风吹拂的橄榄树脚下，种植了花穗雪白的芒颖大麦草（*Hordeum jubatum*），轻盈优美的风姿赏心悦目。这一处本来处于半阴地，显得寂寞冷清，种植金叶品种的风知草和亮黄色花朵的羽衣草（*Alchemilla mollis*）后，立刻令人眼前一亮。

姿态蓬松飘逸的芒颖大麦草个性十足，在树下种植后，把橄榄树与地被植物有机地联系在一起，为整座庭院增添了类似草原般的自然风情。

花境前方的玫红色花朵是婆婆纳'红狐狸'，后排别具特色的种荚来自黑种草'绿色魔术'，银色叶片来自绵毛水苏，植株低矮的粉红色花则是天使花的花穗。

颜色、形状、株高
个性不同的植物排列组合
相互衬托

叶色丰富多彩的一角。紧贴地面生长的黄金圆叶景天 (Sedum makinoi)、铜锤玉带草 (Pratia angulata)，叶脉优美的心叶牛舌草 (Brunnera macrophylla) 和花纹独特的斑叶堇菜 (Viola variegata var. nipponica Makino)等彩叶和花叶植物组合起来，相映成趣，美不胜收。

观赏蓼银龙 (Persicaria microcephala 'Silver Dragon') 的叶片五彩缤纷，可以让花坛有立体感。

银叶 × 粉色花
自然稳重
是装点花坛的安全配方

在粉色花朵旁搭配上银叶植物，看起来更加迷人。为了让花坛里的植物大小一致，在大型的宿根植物旁边种植小苗时以 3 棵左右为宜。

大叶玉簪和手掌形叶片的圣诞玫瑰，阔叶山麦冬 (Liriope muscari) 和麦冬'黑龙'，欣赏它们的不同叶形可谓妙趣横生。

小径拐角的突出部分种植上彩叶植物，制造变化，植株高大的植物可以在花坛里投下树荫，韵味无穷。

欢迎加入 QQ 群
"绿手指园艺俱乐部 235453414"

玫瑰花园

人见人爱的玫瑰花园，秀一秀我大爱的玫瑰吧！

都市花园

谁说城市里不能有美丽的花园？有限空间里的小花园，阳台、花盆组合，包括室内花园也可以哦！

介绍自家引以为傲的花园

花园大招募！！

想要在《花园 MOOK》上登刊你家的花园吗？不管是空间构思巧妙的，还是充满个性的、种满各种植物的花园都可以参加招募。只要是和花园有关的话题或小插曲，自荐或推荐他人的花园都可以。收到文章之后，编辑部会与您联系！

厨房花园

种满了草本植物、蔬菜和果树的花园。看到的不仅仅是美丽的植栽，这是有着观赏用途的花园。请告诉大家蔬果收获后的活用方法吧！

手工打造的 DIY 花园

园丁中永远不乏心灵手巧的技术派，从花架到凉亭，还有什么不能实现的呢？

自然派花园

各种草花、野花、树木，有幸亲近自然的大地主们来显摆吧！

■■ 投稿方法

请注明姓名、地址和电话号码，将花园整体的截图照片邮寄，以写邮件的方式也可（发送的时候请对照相片进行简单的说明并注明名字）。届时编辑部会妥善保管，在结合主题和随时取材时与您联系。

邮件投稿：perfectgarden@sina.cn
green_finger@163.com
QQ 投稿：939386484 药草

※ 请注意发送的照片和资料将不退还。想要加入绿手指俱乐部，请参见 P128。

花和花器

清香四溢的香草和玻璃碗

在炎热的夏日里
用五感体验的芳香陈设

晶莹剔透的玻璃颗粒闪闪发光
路过古董店时，这只小花器在橱窗里的身影让
我一见钟情，这只1960年的准古董用于插花
真是再合适不过了。

　柠檬草、香叶天竺葵，再加上鼠尾草、百里香、迷迭香、薄荷等多种香草……在晴好的阳光下茁壮生长，叶片青翠茂密。采摘回家，趁新鲜用于烹饪或泡茶，也可干燥后放入瓶中保存，享用的方法各种各样。在湿度较高的季节里，则推荐这种充分享受芳香气息的香草插花。

　适合搭配的花器，应该是清凉感十足的玻璃器皿。于是找出这只花器，它是来自芬兰阿拉比亚公司的古董餐具，仿佛挂满水滴般的颗粒纹设计让人欣喜不已。在花器里盛上水，插入香草枝条，清爽的香气弥漫整个屋子。用手掐掐叶片，清香更加流溢而出，指尖的触感更仿佛有治愈身心的魔力。

为夏日庭院抹上一丝清凉
有效利用彩叶和观叶植物
组成轻松沁凉的盆栽

酷暑来临，不仅庭院变得杂乱无章，以盆栽为主的花园也植株枯萎、枝条憔悴，逐渐失去了往日鲜润。

现在，让我们用两种适合夏日的植物类别——给人清爽印象的彩叶植物和姿态轻盈飘逸的细碎小花草，组合成盆栽并放置在合适的地点，给夏日的花园增添一分凉意吧！

Cool Leaf

花叶芋

野燕麦

斑叶常青藤

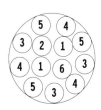

Plants List

1. 花叶芋（*Caladium bicolor*）
2. 野燕麦（*Chasmanthium latifolium*）
3. 斑叶常青藤（*Hedera*）
4. 马齿苋（*Portulaca*）
5. 五星花（*Pentas*）
6. 通奶草（*Euphorbia hypericifolia*）

不同颜色、形状的叶片组合起来
打造独具风情的画面

花叶芋宽大的白色叶片、野燕麦修长的身姿、常青藤飘逸灵动的下垂感，组合成丰满茂盛的亮丽盆栽。盆满钵满，带来清凉气息。稳重的陶钵赋予整个画面安定感。

微妙变幻的叶色，
把阴蔽之所装点得典雅大方

将叶片深裂的蟆叶秋海棠作为合植的中心，做成气质稳重的花篮。为了让紫灰色的叶片更加鲜明，利用金叶过路黄等植物的亮色系叶片和黄果丝藤的心形叶片增添柔美意味。然后用矾根的暗色叶片统一风格。

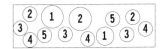

Plants List

1. 蟆叶秋海棠（*Begonia rex*）
2. 矾根（*Heuchera micrantha*）
3. 白粉藤（*Cissus*）
4. 金叶过路黄（*Lysimachia nummularia*）
5. 黄果丝藤（*Muehlenbeckia astonii*）

Cool Leaf

蟆叶秋海棠

白粉藤

金叶过路黄

叶片成为观赏主体
Leaf Main

观赏妙叶各种各样，在夏季特别值得推荐的是具有清凉叶色和随风摇曳的轻盈姿态植物。沉稳的深暗叶色，给人冷艳印象。活用叶片的纹路和形状，创造富于变化的风景。

金叶绿萝

斑叶常青藤

花叶芒

凉意丝丝的叶片环绕成花环形
纤细的芒草如同飘带轻拂

活用柠檬黄和斑叶品种，将鲜嫩清秀的彩叶植物汇聚一堂，栽植在环形容器里。灵动飘逸的细叶植物穿插在绿萝的大叶间，轻盈生动。所有的植物都是观叶类，打点起来非常省心，把半阴处的花园装点得异彩纷呈。

Plants List

1. 金叶绿萝 (*Epipremnum aureum*)
2. 花叶芒 (*Miscanthus sinensis*)
3. 斑叶常青藤 (*Hedera*)
4. 薜荔 (*Ficus pumila*)
5. 白粉藤 (*Cissus*)
6. 马蹄金 '银瀑' (*Dichondrarepens* 'Silver fall')

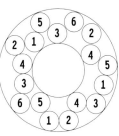

Plants List

1. 花斑千叶兰（*Muehlenbeckia complexa*）
2. 花叶凤仙（*Impatiens hybrid fusion peachfrost*）
3. 矾根'蜜桃黄'（*Heuchera* 'Georgia Peach'）
4. 薹草（*Carex*）
5. 黄果丝藤（*Muehlenbeckia astonii*）

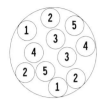

Cool Leaf

花叶凤仙

矾根'蜜桃黄'

花斑千叶兰

纤枝细叶笼罩花钵
自然魅力无穷

把包括艳红色在内的各种彩叶聚集在红陶花盆里，构成粗犷奔放的一组盆栽。古铜色叶片的矾根'蜜桃黄'充分发挥其主体作用，花色柔美的橘黄色凤仙花则甘当配角。薹草和花斑千叶兰细线形的叶片，仿佛带来了习习凉风。

利用夏日花朵寻找清凉感觉时，推荐使用小花型的花卉。先用叶片勾
勒出整体框架，再添加适宜的花朵，清爽而不失华美。

以花为主角的组合
Flower Main

不畏酷暑烈日
生机勃勃的色彩组合

蓝色和黄色的花朵正好是补色，用金叶假马齿苋加以调和，构成清新而健旺的一组植
栽。花茎纤细的蛇目菊底部用美女樱装点掩盖，丰满不俗。金叶假马齿苋会开出白色
的小花，最好摘除它，以确保明亮鲜艳的色彩。

Main Flower

蛇目菊

Cool Leaf

金叶假马齿苋

金边阔叶麦冬

Plants List

1. 金边阔叶麦冬
   (*Liriope platyphylla* var.*variegata*)
2. 金叶假马齿苋 (*bacopa*)
3. 蛇目菊 (*Sanvitalia*)
4. 美女樱

Main Flower

日日春 '芭蕾舞裙'

＋

Cool Leaf

嫣红蔓

花叶芒

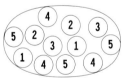

粉色系组成的
柔美铁丝花篮

花边般卷曲的日日春'芭蕾舞裙'和白色的天使花，搭配粉色
叶片的嫣红蔓。嫣红蔓通过不断摘心可以控制植株的高度，分
发新枝而形成丰满的株形。

Plants List

1. 日日春'芭蕾舞裙'（ Vinca 'tutu'）
2. 天使花（ Angelonia salicariifolia Humb. & Bonpl ）
3. 锡兰水梅（ Wrightia antidysenterica ）
4. 嫣红蔓（ Hypoestes phyllostachya ）
5. 花叶芒（ Miscanthus sinensis ）

Column

怎样保持夏天组合盆栽的健康状态?

需要注意浇水。浇水不足会枯萎，浇水太多则会烂根……花钵放置的地点和
天气的不同，干湿状态也不一样，需要仔细检查土壤和叶片的状态给与充足
的水分。

健康的植物应在浇水时定期施予稀薄的液体肥料。植物状态不好时，则应停
止施肥，改为喷洒活力剂。

确认要点

＊土壤的状态

＊根部是否清洁

＊花枯萎后有没有及时摘除残花

＊日照条件是否适合

＊栽植是否拥挤

夏日凉风里，好戏连台
用小花和叶片点缀 蓬松繁茂的盆栽

在玄关或园艺家具上点缀一盆整洁的组合盆栽，即能使空间变得紧凑，也能让整个家居协调有致。下面我们向大家介绍用 3 种小型花卉和叶片营造清凉感的组合盆栽。

Main Flower

肯特奥勒冈

+

Supporting Plants

斑叶活血丹

斑叶常春藤'娜塔莎'

汇集纤柔 绿叶的轻松搭配

主角是开着浅粉色小花的肯特奥勒冈 (*Origanum rotundifolium*)，搭配上线条纤细明快的莲花岩蔷薇 (*Lotus creticus*)，斑叶活血丹 (*Glechoma*) 和银斑百里香等叶色不同的植物。素雅的柳条篮里仿佛盛上了满满一篮由深到浅渐变的绿色叶片，洋溢着自然的田园风情。

另一角度

Plants List

1. 肯特奥勒冈
   (*Origanum rotundifolium*)
2. 澳洲迷迭香 (*Westringia fruticosa*)
3. 莲花岩蔷薇 (*Lotus creticus*)
4. 蔓长春花 (*Vinca minor*)
5. 银斑百里香 (*Thymus vulgaris*)
6. 斑叶活血丹 (*Glechoma*)
7. 斑叶常春藤'娜塔莎'
   (*Hedera helix* 'Natasha')

丰盈的粉色小花
搭配出优雅的女性气息

两种盛开的矮牵牛随风飘拂，倩丽动人。花茎纤细的常青藤叶天
竺葵和枝叶蔓延的假马齿苋使得整体更有质感。在富有装饰性的
白色花盆中零星点缀颜色深浅不一的粉色小花，气氛浪漫温馨。

矮牵牛

+

常青藤叶天竺葵

金叶野芝麻

Plants List

1. 粉红色矮牵牛 (*Petunia hybrids*)
2. 银粉色矮牵牛 (*Petunia hybrids*)
3. 薰衣草色常青藤叶天竺葵
   (*Pelargonium*)
4. 金叶野芝麻 (*Lamium
   maculatum* 'Sterling lime')
5. 斑叶蓼 (*Polygonum*)
6. 水芹 '火烈鸟'
   (*Oenanthe javanica* 'Flamingo')
7. 假马齿苋 '粉色戒指'
   (*Bacopa* 'Pink ring')

```
    5
  4   2
    3
  1   6
    7
```

另一角度

柔和的盆栽效果 *Soft*

采用粉色调花朵和质感柔和的植物搭配组合，轻快温馨，恬静宜人。

鲜艳亮丽的花
Vivid

不畏炎夏，尽情绽放的花儿活力四射，富有光彩，令人眼前一亮，与之搭配的植物和复古容器则给人优雅稳重的感觉。

Main Flower

野福禄考

＋

Supporting Plants

假马齿苋

常春藤‘白雪公主’

鲜艳的花朵和独特的容器
自由随性的搭配

主角是开成一片的野福禄考。它的魅力在于花色纯粹。蓝色小桶和黄色花朵搭配，极富对比性的颜色非常吸引眼球。清雅的常春藤给亮色组合增添一份稳重感，使这盆植物更加光彩夺目。

Plants List

1. 野福禄考 (*Jamesbrittenia hybrida*)
2. 假马齿苋 (*Mecardonia procumbens*)
3. 常春藤‘白雪公主’ (*Hedera*)
4. 小冠花 (*Coronilla*)

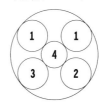

另一角度

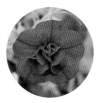

百万小铃

＋

水芹‘火烈鸟’

过路黄

Plants List

1. 百万小铃 *(Calibrachoa hybrids)*
2. 水芹‘火烈鸟’
   (Oenanthe javanica 'Flamingo')
3. 过路黄 *(Lysimachia nummularia)*
4. 臭茜草‘巧克力战士’
   (Coprosma 'Chocolate Soldier')

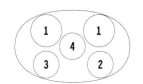

另一角度

散发成熟优雅、自然气息的组合花篮

重瓣的深红色小花百万小铃，小巧精致，丰姿华美。叶片微微泛红的过路黄和水芹搭配在一起非常协调，营造出一种宁静氛围。铺设了水苔的铁篮弥漫着乡村气息，适合点缀在田园景色中。

深色系花
Dark

极具人气的深色花朵和绿叶搭配，展现出强烈的个性，令人印象深刻。在过于甜美或没有特色的环境中摆上一盆，立刻增添几分成熟气息。

巧妙运用颜色和形态的装饰性组合盆栽

将枝叶呈放射状的红叶朱蕉置于中间，四周点缀秋海棠的古铜花叶和红色小花，新颖别致。矾根'恋父'的叶片起到高光作用。叶片色调所产生的阴影效果使组合盆栽更富魅力。方形的黑色容器在下部起到雅致的收敛效果。

Plants List

1. 四季秋海棠 (Begonia semperflorens)
2. 矾根'蜜桃黄' (Heuchera 'Georgia Peach')
3. 矾根'恋父' (Heuchera 'Electra')
4. 过路黄'午夜阳光' (Lysimachia congestiflora 'Midnight Sun')

另一角度

2	3	2
1	7	
	2	
6	5	4

5. 千叶兰 (Muehlenbeckia Complexa Meisn)
6. 金心常春藤 (Hedera helix 'Goldheart')
7. 朱蕉 (Cordyline)

Main Flower

四季秋海棠

Supporting Plants

矾根'恋父'

金心常春藤

Plants List

1. 矮牵牛'幻影'
   (*Petunia hybrids* 'Phantom')
2. 斑叶聚花过路黄
   (*Lysimachia congestiflora* 'Variegata')
3. 百里香'福克斯利'
   (*Thyme* 'Foxley')
4. 野芝麻
   (*Lamium maculatum*)
5. 金心常春藤
   (*Hedera helix* 'Goldheart')
6. 千叶兰
   (*Muehlenbeckia axillaris* 'Complexa')
7. 臭茜草'比特森黄金'
   (*Coprosma* 'Beatsons gold')

另一角度

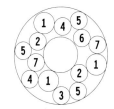

Main Flower

矮牵牛'幻影'

Supporting Plants

斑叶聚花过路黄

百里香'福克斯利'

鲜明的对比是关键
释放清新现代感的搭配

黑色花瓣中镶嵌着黄色的星星，个性强烈的矮牵牛'幻影'被重重绿叶自然簇拥，美感十足。野芝麻的白色斑叶增添了清爽气息。下部使用涂上绿色涂料的柔美藤篮，不仅不会破坏植栽的微妙层次感，而且与之自然地融为一体。

Column
利用小花小叶
营造出清新美好气氛

线条纤细的小花小叶组合盆栽，充实感非常重要。尝试由内向外蔓延式栽植，在质感轻柔的植物中添加颜色明亮的斑纹叶，营造出轻盈柔美的氛围。

百里香和莲花岩蔷薇等线条纤细的植物置于容器的中间，令其向四周蔓延，仿佛要从花盆边缘溢出般充满整个容器，蓬松丰美。

観叶植物的使用和大胆配色是关键

挑战视觉极限

水泥地上的奇幻庭院

糅合各种色彩的
观叶、彩叶植物
构建一座欲望都市里的
魅力花园

观叶和彩叶植物,是当今庭院制作中炙手可热的植物组件。这两种植物巧妙搭配,点化出令人惊艳的绝妙风景。今天介绍的庭院"乙庭",就是在水泥地上实现这种新颖组合的典型范例。

Shocking Beauty

给予感官强烈刺激的
妖艳之庭

　　"乙庭"位于钢筋混凝土结构的现代住宅里，在花色艳丽植物的映衬下艺术气息浓郁。其开放式空间由花坛、碎石花园及盆花组合而成。独具个性的大型观叶植物占据主体花坛，各种植物体量丰满、充满魄力。叶面具有蜡质光泽的黑叶美人蕉、磨砂质感的观赏芋叶、裂纹清晰的蜜花、形似利剑的龙舌兰等观叶植物，极具视觉冲击力。在其间不经意地埋设一些玻璃饰品，使整个氛围瑰丽奇幻。

　　花的组合也是语不惊人死不休，十分独特。深粉、深红、橙、黄等鲜明强烈的花色巧妙搭配，虽奇诡却不失整体的美感。花坛的对面空间，直接沿用故有的砂砾打造成碎石花园。灰白冷酷的砂砾之中点缀个性鲜明的植物，每一种都彰显特色，相映成趣。

　　大胆而周密的植物配置，让"乙庭"时尚而美丽。整座花园对视觉和感官的刺激，极富挑逗性。"乙庭"主人对任何事物都怀有旺盛的好奇心，他在建筑、艺术、音乐等多个领域造诣颇高，并将在各领域所汲取的营养，糅于这座花园之中。

　　"对我而言与花草为伴是一种放松方式，在此期间直面自身和内心，是十分积极有益的时光"。这种对庭院轻松自如的态度，也就是这座庭院处处显得随心所欲的精神根源所在吧。

　　下一页开始我们将介绍"乙庭"的3个分区，带您领略它们各自的魅力。

新西兰麻（ *Phormium tenax* ）和蜜花（ *Melianthus major* ），搭配小茴香构成冷艳的风景。不同的植物姿态组合起来，萌生出奇异的造型之美。

1. 深粉色的拜占庭唐菖蒲（ *Gladiolus communis ssp. Byzantinus* ）和大花葱'紫色感觉'成为空间的亮点。柔和的绿色大戟把院子装点得明亮艳丽，新西兰麻的古铜色叶片则带来稳重深沉的气度。　2. 华美无比的大丽花'乱发'和观赏芋头的巨大叶片惹人注目。　3. 暖色系的彩叶草和棕红薹草带来深深的秋色，给庭院增添了不同的趣味。

丰富多彩的体验
Border Garden 条形花坛

"乙庭"的主花坛，横长约7m，纵深0.5~2m，种植着各种各样的观赏植物。和邻居相隔的是冷冰冰的水泥墙，上面却如壁画般"绘满"不同形状和颜色的植物。丰富多彩的植物被优雅的装饰草糅合成一体，如清新自然的壁画。

4   5

6

4. 汇集了各种植物的角落。沉稳低调的叶色中，大丽花'乱发'成为聚焦中心。 5. 狼尾草（Pennisetum villosum）和柳枝稷（Panicum）随风轻拂，在整个搭配前卫大胆的花坛里，这里留出了宁馨自然的一角。 6. 以冷冰冰的墙壁为背景，植物的鲜嫩青翠更加美丽。后面的蜜花（Melianthus major）和圆苞大戟'火焰'（Euphorbia griffithii 'Fire glow'）富于体积感的绿色，缓和了松果菊和火炬花的跳动花色。

旱地之趣
Gravel Garden 碎石花园*

充分利用铺装好的砂砾，营造出具有英国风味的碎石花园。这处花坛的周边用金属柱和铁链围绕，形成单独的观赏空间。选择不会横向生长的植物品种，星星点点地栽植在碎石中，个性鲜明独特。

7   8

7. 带有刺棘的双刺蓟（Cirsium diacanthum）叶片呈银灰色，造型富于几何感，让庭院整体紧凑简约。叶色明亮的黄金牛至则缓和了咄咄逼人的印象。 8. 仿佛火焰般盛开的波斯绣球葱（Allium schubertii），非常吸引眼球，和后方除虫菊（Pyrethrum）的粉红色组合起来让画面充满流动感。

*碎石花园：岩生花园的一种，在用碎石铺满的地表挖出孔穴，放入土壤，再种上耐旱的矮小植物，构成独特的景观，是国外园艺界的园艺潮流。常用高山植物、多肉植物、岩生植物、沙生植物等入园。风格简洁时尚，给人带来意外之喜。

9

11

1〇

9. 石莲花'七福神'（*Echeveria secunda*）和肉黄菊'荒波'（*Faucaria tuberculosa*）以及各种各样的多肉植物。黑法师的脚下点缀多肉组合，如同一幅奇妙的幻想画。
10. 朝雾草'金色地毯'（*Artemisia schmidtiana*）和黑叶景天（*Sedum 'Bertram Anderson'*）的组合盆栽，颜色质感对比鲜明。　11. 高低错落，组成和谐的搭配。不耐寒的多肉植物在冬季要放入室内管理，组合栽种在一起可以减少搬运花盆的次数，数量也限制在室内可以收纳的范围内。

让庭院的形态变幻自如
Container Garden　盆栽花园

多肉植物和月季儿乎都栽培在花盆中。这类难度较高的植物还是以单株花盆栽培更加容易管理，同时给无法栽培花卉的地面增添了色彩。经过巧妙归类，花盆可以组合出精彩的美景，根据季节不同，还可以更换花盆的位置，体验不同的氛围。花盆的材质全部用红陶，体现了统一感。

典雅的月季同样
适合魅惑的花园

'灰珍珠'（'Grey Pearl'）
四季开花，杂交茶香，大花型，灰色的花瓣中带着紫罗兰色和茶色等奇妙的色泽。晚秋的花色格外神秘动人。

'王子'（'Prince'）
四季开花，英国月季，大花型，暗红色带有蓝调的英国月季名品，格调深沉。

'蓝色狂想曲'（'Rhapsody in Blue'）
四季开花，灌木月季，中等花型，富有野趣的半重瓣花。深紫色中带有蓝色、灰色和褐色调，非常适合庭院栽培。

变色月季（*Rosa chinensis Mutabilis*）
四季开花，中国古老月季品种，中等花型，花蕾为橘色，渐变为奶油色、鲑鱼红直到深粉红。柔软的单瓣花宛如蝴蝶飞舞。

选择月季是一件慎重的工作。考虑到"乙庭"特殊的风格，精挑细选了颜色浓郁深厚，且色泽会微妙变化的品种。再考虑是否易于栽培、四季开花性，以及与其他植物的亲和力等要素，最终选出数种月季，其中特别让主人心仪的为左边4种。

『乙庭』设计技巧大公开

崭新的植栽风格创造了『乙庭』的魅力。选择品种的眼光固然重要，但仅仅就此种下也并不会立刻光彩照人，背后还有支撑庭院配色和栽培的技术秘诀。

色彩冲突也能搭配出美感

装饰植物和彩色叶片子，搭配浓艳色系的花朵，"乙庭"带给我们独特的种植感受。这种搭配掌握不好会陷入繁杂混乱，让人印象低俗，但做得恰到好处则会创造出富于冲击力的美感。将个性鲜明的植物混合搭配的最大秘诀就是颜色的合理配置。与中规中矩的配色方案截然不同，在这里，我们来探索"乙庭"充分展现各种植物魅力的配色技巧吧。

Point 相邻的植物按质感、颜色、形状、分量进行互补性组合，强调激烈的冲突感。

Color 配色

强烈的对比配色效果鲜明

"乙庭"里浓色系的植物层出不穷。紫色加淡蓝色加深粉红、紫色加红色加橘黄色、黄色加深粉红色、艳粉色加黑紫色等对比强烈的色彩组合随处可见，令人目不暇接。这种高难度配色的秘诀在于，对微妙色调和每种颜色分量的把握。大幅绿色背景的巧妙运用也是重点所在。利用不同植物错开花期，或用大块的绿色调和，强烈的植栽效果令人过目不忘——这正是搭配高手的境界。

牡丹'黑龙锦'和深粉红色的天竺葵以及绿色的大戟，对照鲜明，华美艳丽。少量的橘黄色则增加了稳重感。

Arrange 配置

个性十足的植物之间
利用富有调和性的植物融为一体

个子高的植物放在后方，低矮和垂吊的放在前方。这不仅仅是为了看起来美观，也可以增强花坛的通风和日照效果。相邻位置之间采用不同形状和质感的植物，创造微妙差异。选用柔和的观赏草作为个性鲜明植物之间的连接，把时尚的植栽衬托得更加显眼，另一方面也增添了自然情调。在丰富的绿叶衬托下，芍药、大丽花、月季等艳色系大朵花则作为华美的焦点而异彩纷呈。

左）新西兰麻的放射状细叶作为背景，烘托出美人蕉'黑魔术'(Colocasia esculenta 'Black Magic')和蜜花等宽大叶片，魄力十足。
右）狼尾草和柳枝稷等观赏草类在前排如璎珞般覆盖飘散。其下墨绿色观赏芋头的大叶起到支撑稳定作用。草丛中零星点缀明媚的大丽花，华丽美艳。

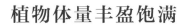

植物体量丰盈饱满

对植物来说，水泥地上的庭院绝对不是一个良好的生存环境。夏日酷暑难耐，冬日干燥且气温在零摄氏度以下。更糟糕的是，庭院朝北，土壤又是黏土质，日照和排水条件不佳。在这种条件下建造庭院，首先着眼于土壤改良，以及选择适合环境的植物来因地制宜。日照、通风、排水方面都进行严格的管理，大量植物终于在庭院中蓬勃生长。

Point 选择适应庭院环境的植物，因材施用。随时观察植物的生长状况，对环境加以调整。

Work 工作

枝繁叶茂的植物给人印象深刻。如何培育苗壮饱满的植株，并长期保持最佳状态，维护极其重要，让我们介绍一下主人的养护秘诀吧！

土壤改良
原先的土壤排水性很差。在着手造园之初就挖出原有土壤换上新的营养土，同时加入有机堆肥。此后每年1月份前后，在给庭院做防寒覆盖的同时，施用有机堆肥和腐叶土。

修剪
夏季叶片过分繁茂会使植物闷热窒息，在梅雨季节和盛夏时对过分生长的观赏草、千鸟花、鼠尾草、景天类植物进行修剪。暑期来临之时将植株修剪到株高一半以下的位置，确保通风和日照。

移栽换盆
植物特质不同，换盆的频率也不同。盆栽多肉植物和月季，生长良好只要定期换盆即可，大型的伞形科、豆科植物以及树木移栽会造成伤害，应以不动为佳。庭院不能符合当初的计划，可以适当调整、剔除或更换植物配置。

肥料
月季和芍药等特别喜肥的植物应当在适宜的季节充分施肥，其他植物则在花后施以追肥。只要冬季认真做好肥料补充工作，其余时间不用过分关切，在日常作业中顺便施肥即可。

病虫害
为了不对庭院中生存的益虫和青蛙组成的生态系统造成破坏，尽量少用农药。一旦出现蚜虫等害虫，可以利用环保药剂杀虫。毛毛虫可以用手工捕捉消灭。

全年工作日历

1—2月份	3—4月前半	4月后半—5月份	6—8月份
将宿根植物挖掘出来以检查植物状态，分株繁殖，同时进行土壤改良。重新栽种好后在表面施以堆肥和腐叶土保持厚度覆盖。月季等大型盆花进行换盆和修剪。向国内外的园艺店订货。	多肉植物全体换盆及重新组合栽种。整理开始生长的多肉植物姿态，用扦插和分株繁殖。栽种购买来的新苗。 ＊	庭院最美丽的时期，除日常管理之外，检查整体配置，与计划不合的部分随时调整。及时摘除残花。 ＊	植物旺盛繁茂期。分2~3次对花坛和组合盆栽里长势过旺的植物进行修剪，保证通风和日照。酷暑期的浇水为每天2次。 ＊
9月份	**10月份**	**11月份**	**12月份**
管理夏季生长疲劳的植物。剪除受伤部分，除去枯萎个体，更换更适宜环境的植物。选择秋季的球根并订货。	气候渐渐凉爽，各种植物呈现美好的秋色。开始制订来年的栽种计划。	挖出观赏芋和大丽花等耐寒性弱的球根，开始栽种次年春天开花的球根。把来年的栽种计划具体化。	剪除冬季枯萎植物的地上部分，整理一遍庭院。霜冻期开始后，用腐叶土覆盖地表。制订来年的工作日程。

园艺大师的空间魔法

平淡无奇的花园如何化身为令人过目不忘的风景

树木下方、园路两旁……这些花坛常常被我们遗忘。实际上，这些地方的亮相几率格外高。我们应该努力把它们打造成赏心悦目的场景。自然和谐的草花组合历来受好评，但一不经意，就很容易流于平庸。如何让单调乏味的花坛不同寻常，且让设计师给你点拨其中奥妙。

经常听到的植栽纠结

烦恼点

Trouble Point

- 想打造值得一看的花坛，却总是难以脱俗

- 种了许多喜欢的植物，却缺乏统一感，感觉乱糟糟的

- 不知从什么时候开始，植物变得没精打采，长势不好

解除植栽烦恼的

基本要点

Solution Point

① **不要忙着挑花草！考虑好花园的尺寸和环境，再决定风格**

综合考虑花坛的大小、日照条件、通风状况，再决定采用什么风格的植栽。花坛的主题设定之后，可以造就有统一感的植栽。不要慌忙去选择种植的花草品种，否则反而会造成整体不协调。

② **留出空白来设计！小花园需要大设计**

庭院的环境、花坛的宽度和纵深、现有的树木和建筑物的位置等都要考虑，初步设想总体植栽的设计和分量。稍微留出设计空白。

③ **植物一定要和谐！根据主题和设计来决定**

花坛的主题和设计蓝图规划好后，再根据环境选择植物。综合考虑植物的色彩、形状、大小的分配，以及相互的关系，有秩序地组合植物。

Lesson 1

树 下 的 植 栽

树木下方是赋予庭院静谧与安定的重要场所！

厚重的树木下方种上斑叶植物，令人耳目一新

呆板无趣的花坛，经过设计师的指点，变得生动有味。以任何庭院都有的树下和小径两侧为舞台，看看变身前后有什么不同吧。

Before　改善前

让单调的树木根部，产生变化起伏

乔木的根部原本覆盖着猫薄荷和奥勒冈等香草。斑驳叶影下的香草虽然野趣盎然，但是整体看来单调无趣。

After

改善后

明亮的斑叶玉簪让树木根部焕然一新

把猫薄荷移走，改种斑叶玉簪。让树根部变得明亮，而且绿色和白色的对比也充分表现了树下光影变幻的优势。

树下栽种技巧

{ Technic 1 }

根据树木的不同特性选择下面的草类，让植物健康而美丽

日照时间有限的常绿性含羞草树下，适合栽种的玉簪品种是斑叶'帕特里奥特'。玉簪的根系浅且横向发展，特别适合种在根系发达的大树下。

玉簪中选择了斑纹鲜明的'帕特里奥特'，间隔出不均等的空间来种植，随性而野趣十足。

{ Technic 2 }

根据树形的不同，选择合适的草

横向发展的树下，种植具有安定感的植物会比较协调，斑纹鲜明的大叶玉簪群植之后显得非常稳重端庄。

小 径 两 旁 的 植 物

园路旁的植物
迎接着走动中的动态目光。

留意视线变化的搭配
营造花木沉沉的幽径

Before

改善前

小径多幽趣，花坛有张弛

右边深处的绣球遮挡了小径的弯角，使之失去曲径通幽的神秘感。而藤本月季攀爬的拱门脚部，风铃草漫溢长出，一直延伸到小径上，缺乏整体变化。

园路两侧的栽种秘诀

{*Technic 1*}

照顾花园主角的感受！充分考虑现有的月季拱门和树木，再进行栽种设计

面前的月季拱门、小径右侧的光腊树（*Fraxinus japonica*），左边深处的月季花丛都具有分量感。要与这些花园主角相配，脚下的植物就应该选择明亮轻盈的品种。为搭配色彩典雅的拱门月季，这里选择银灰色系植物来栽种。

{*Technic 2*}

想象在小路上行走一遍！其宽、长及线条形状，都是选择植物的重要参考因素

狭窄的小路有蜿蜒的感觉，步调自然放慢。想象自己一边观赏植物一边在小径上漫步的情形，应该明白种植一片单种植物并不合适。只有选择不同的植物，例如狼尾草、玉簪、矾根，组合成丰富多彩的植栽才会一步一景、百看不厌。

{*Technic 3*}

围着植物转圈看！植物的形状和颜色的配置要从不同角度确认然后栽种

相邻的植物颜色和形状要避免重复，花坛有整体感才能打动人心。例如，绿色与绿色之间就需要添加一些铜色叶片或斑叶，使之有变化感。远距离眺望、近距离观察的感觉都不同，以各种不同的焦距来确认后再栽种更好。

改善后

After

**用低调的植物连接
拱门和花架上的月季
让小径实现微妙的变化**

主题是银灰色的花坛。把掩盖掉小径线条的绣球花移栽走。新种彩叶植物，既丰富了色彩，也加强了纵深，与拱门上银粉色的月季非常协调。

从拱门右手内侧正面看的样子。带有蓝色叶片的玉簪'翠鸟'（*Hosta* 'Halcyon'），花斑纹的玉簪'金边紫萼'长得郁郁葱葱。

1. 蓝色花的藿香蓟和婆婆纳给小径装点出变化。
2. 修长的细茎针茅（*Stipa tenuissima*），强调了小径的拐角。 3. 色泽暗淡的珍珠菜（*Lysimachia*）种植在拱门脚下。 4. 花斑叶片的筋骨草（*Ajuga*）镶嵌在花坛边缘。

为了让彩叶的草姿看起来更美观，可以交错种植，另外也要注意空开足够的株距，给今后的生长留下空间。

夏日花草的风姿

宛如草原上吹来的凉风
让夏花更绚烂

在花园中度过最美丽的春光后，渐渐
进入绿意葱茏的夏日。许多人会认为
夏季天气炎热，应减少花园里的活动，
甚至就此放弃了花园作业。那么，炎
夏的花园真的无所作为吗？
在这篇文章中，我们将介绍让夏日花
园保持美观的秘诀以及适宜栽种的花
卉品种。为大家提供打理夏日花园的
积极建议。

选择线条纤细的花木
制造草原般的风景

春季发芽，经过充分日照，在夏季开花的植物，
大多线条纤长，根深叶茂，放眼望去分外夺目。这
时，我们不妨从花朵上移开目光，转而关注植物全
株的姿态，根据花园的整体效果来制订一份栽植计划。

若想营造清新自然的景观，首选是那些姿态纤
长的品种。看着满眼花草在微风中随风摇曳，顷刻
间有进入清凉世界之感。另外，夏季开花品种的花
色与其他季节不同，多数为红、黄、橘等艳丽的颜
色。因而从配色角度出发，为了防止撞色，建议栽
植若干同一品种的植物。这样不仅可以演绎山间野

趣，也增添了花园的层次感。

两种以上颜色的组合，需要认真考虑色彩搭配。
因为各个品种本身花色浓烈，颜色搭配如若不慎，
很可能不协调。即使是同色系组合，因栽植位置、角
度，花木高矮搭配不同，其效果也截然两样。因此，
最好能认真比较各个品种后再做选择。此外，在艳
丽的花朵周围搭配种植丰富的观叶植物，可以让画
面显得简洁而整体。

下页我们将结合实例图片介绍如何利用夏季开
花植物布置出草原般的草花园。

利用夏季花卉创造草地花园的
14 个栽种秘诀

以夏日风情的草地花园为主题，下面将介绍具体的栽培方案。在案例中出场的花卉文后有单独说明，可用来确认品种的特性。

CASE A

简洁就是美
单一品种种植

首先可以用单一品种的植物一槌定音。选择穗状花朵、株形蓬松饱满的植株，即使是单一品种也足以引人注目。尤其适合种植在小径旁边，养眼悦目。

idea1
小径旁边的群植，足以作为夏日庭院的主角

花心突出的松果菊，活力十足，热情洋溢。周边植物选择淡雅色系，充分突显松果菊的主体感。

idea2
长穗状花束轻盈地装扮了花园角落

小径的拐角处种植了林荫鼠尾草和抱茎蓼，亭亭玉立的姿态给花园空间添加了丰富的表情。

idea3
散布在花园里的踏脚石烘托出野生花园的意境

踏脚石空隙间绽放着光泽动人的银叶勋章菊。在宽阔的场所里这种种植方法可以造就自然的流动感。

单独种植时选用植株高度适中，株形丰满的植物会有整体感。

松果菊
（*Echinacea*）

菊科多年生落叶植物。株高50～60cm，花色粉红，也有黄色和白色的品种。

林荫鼠尾草
（*Salvia nemorosa*）

唇形科多年生落叶植物，株高30～50cm，花色有蓝色、白色、紫色等。

抱茎蓼
（*Polygonum amplexicaule*）

蓼科多年生落叶植物。株高1m左右，夏季开放大量细长的穗状花。

勋章菊
（*Gazania rigens*）

菊科多年生落叶花卉。株高20～30cm，花色有黄色、橘黄、红色等。花期很长。

CASE B
色彩方案很重要
花卉组合

夏季花卉有着不亚于强烈阳光的鲜艳色彩。这个季节既要欣赏这种火热的魅色，也要留意保持栽植的和谐自然。

idea 4
用相反的补色来组合，显得活力充沛

互为补色的黄色和紫色，在组合中彼此映衬。黄花的败酱草 (Patrinia scabiosifolia) 的右侧种植了俄罗斯鼠尾草，左侧搭配了宿根福禄考。

idea 5
用渐变手法净化鲜艳的色彩

红色的射干菖蒲 (Crocosmia x csorflora) 和火炬花相邻种植。随着开放会从橙色变成黄色，柔和了色彩的强度。

idea 6
利用大胆的高低层次让华丽的配色充满亲和力

纵深的花坛里种植的蓝花马鞭草、日光菊 (Heliopsis)、川断续 (Knautia)。蓝色、黄色、红色的配色因为高低层次而错落有致。

单朵毫不起眼的小花和其他植物组合后存在感立刻提升。

品种确认

俄罗斯鼠尾草
（Perovskia atriplicifolia）

唇形科多年生植物。株高约120cm，蓝紫色小花呈穗状开放。

宿根福禄考
（Phlox paniculata）

花葱科多年生花卉。花色从白到粉红均有，也有复色品种。株高约90cm。

火炬花
（Tritoma）

百合科火炬花属常绿多年生植物。株高约100cm，粗壮的花茎上开放众多筒状花。

蓝花马鞭草
（Verbena hastate）

马鞭草科多年生花卉。株高80～150cm，花色有紫色和白色。

CASE C

红花还要绿叶扶
搭配的叶色

夏季是一年中绿色最丰盛的季节。如果感觉明艳的花色过分强烈，可以利用大量的绿叶来使整体景观和谐一致。

idea 7
柠檬绿的叶色
凸显了花朵的亮丽

黄绿色的叶片可以让四周的景观更加明亮，还具有让视线集中、掩盖株高和叶片分量失衡的效果。

idea 8
以灌木庭院为背景
体现了花卉纤细的魅力

灌木丛有着自然山野的氛围，红色落新妇的细密花穗，如林中仙子般若隐若现。

idea 9
在两侧配置
风格各异的叶片

黄色的日光菊一侧配置蓬松的叶丛，另一侧则是深裂的叶片。古铜色的树木作为背景，把风格各异的植物融为一体。

Topics

选择独具特色的叶片，
单株栽植也效果超凡

美人蕉这种大叶植物，单独一株种植的时候绿叶的分量也足够惊人。即使和个性强烈的花朵也能融合，图中的花叶品种更有观赏价值。

株高较高、下部单薄的植物通过叶片的搭配来协调。

品种确认

柳兰
（*Epilobium angustifolium*）

柳叶菜科多年生植物。株高100～150cm，深粉色或白色花。夏季在我国北方山间可以看到很多野生的柳兰。

落新妇
（*Astilbe grandis*）

虎耳草科多年生植物。株高30～60cm，花色有红色、粉色、白色等。

日光菊
（*Heliopsis*）

菊科多年生花卉。株高100cm以上，花色纯黄色。别名赛菊芋、小向日葵。

美人蕉
（*Canna*）

美人蕉科球根花卉。大型品种株高100cm以上，花色有黄色、橘色、红色。

花园杂货和户外家具的装饰法

追求自然风情，但也不可过于野生的状态。巧妙利用花园杂货和户外家具，让花园精致起来。

idea10
红陶的支柱顶和花草粗犷的姿态协调一致

枝叶纤细、植株较高的花草需要用支柱支撑，用红陶的支柱顶把支柱集合起来，既成为空间的焦点，也和背景更加协调。

idea11
具有画面感的长椅对于花草的高度恰到好处

花茎伸展开来，整体的株形会变得凌乱。在前方摆上一张长椅后，成为具有安定感的一角。

idea14
融合于植物中的拱门维系着自然的风尚

入口处的绿色拱门旁环绕着佩兰(Eupatorium fortunei)，一旁的新西兰麻则挺拔直立。草地花园在入口处就循循诱人。

idea12
做旧的铁皮水壶将视线集中到树木下方

在中庭的一角悄然绽放的大波斯菊前方，摆放旧铁皮水壶。通过精心计算摆放的位置，让沉闷的空间豁然一亮。

idea13
铁艺围栏强调了花草姿态的灵动之感

四处伸展开放的紫绒鼠尾草，环绕着风格硬朗的黑色铁艺围栏。截然相反的质感组合提升了彼此的魅力。

不畏酷暑、热情绽放
夏季栽培管理
三大要点

你是否愿意在炎热的夏季仍孜孜不倦地在花园里操劳？把握夏季花园维护的要点，就可以用最少的精力维护植物的健康。

高温多湿的夏季水分和温度管理是重点

酷热难当的夏季，高温和高湿不仅让人类感觉不适，植物也同样难以喘息。要特别注意浇水时间、急剧的温度上升、多湿而造成的闷热这三大问题。客观环境不会改变，但是季节性的维护手段可以减轻植物的负担，改善植物度过夏天的状态。

掌握以下要点帮助植物度过炎热的夏天之后，在入秋时适当追肥，再经过冬季和春季的休养生息，来年夏季植物会再一次以蓬勃的生机回报主人的辛劳。

Point 1

浇水的时间
在清晨或傍晚

夏季整个上午的气温都在不断上升，浇水的时间必须越早越好。建议浇水时间在太阳位置较低的清晨或是17时以后的傍晚。高温时段一旦浇水，很快会被阳光加热成热水而损伤植物的根系。而停留在叶片表面的水滴有放大镜效果，又会聚集阳光灼伤植物。如果白天才发现土壤过分干燥而不得不浇水，注意不要把水滴洒到植物的叶片上。

浇水在根部
夏季炎热，叶片和花都容易罹患病害，尽量避免开花时节从花朵上方浇水。最好使用细口水壶从根部浇水。

Point 2

稍稍给予关照，
防止温度上升

炎夏时节，不仅要关注叶片和花，对土壤中的根系也要给予关照。这段时间，地面温度很高，不耐热的品种根部最容易受损。注意在定植时就空出足够的间距，增强通风，防止温度上升。

利用覆盖层保护根系
使用树皮或稻草覆盖土壤表面，不仅可以有效防止温度上升，同时还可以防止水分蒸发过快。

Point 3

拥挤是
植物的大敌！

夏季温度很高，又正好是植物枝叶繁茂的季节，特别容易发生闷热窒息。开花后要及时摘除残花，尽量剪除枯叶病叶和无用的枝叶，保持通风良好。花期结束后立刻修剪，整理过分繁茂的枝叶，也会起到不错的效果。

花后的修剪
种类不同的植物适宜的位置也不一样，通常把植株剪到一半或1/3的高度。及早修剪，很多品种还可以欣赏到二次开花。

让花园更美观的铺装法

无论花草怎样绽放，如果地面没有合适的铺垫，花园的魅力也要大打折扣。整理足下铺装，使之为草花增光添彩。根据这里介绍的铺装技巧，设计出与梦想符合的地面效果吧。

因为铺装技巧而容光焕发的两处花园探访记

Case 1

彩石玫瑰园

玫瑰园在春季花期时，从乳白色到粉红色的各种玫瑰竞相斗艳，十分热闹。细长的地面铺设了便于散步的园径，行走其间可以从各种角度观赏玫瑰的风姿。

这座花园最值得一看的是多变的铺石园路。从入口处进入的通道上铺设了白色鹅卵石，紧接着的弯道处改为红砖，富于变化。红砖小道时而变换铺设方式，时而又和不同材质混搭，变化无穷，极具魅力。

拱门下方和荫蔽处的角落在造园过程中一点一点追加而成，铺石园径仿佛空间节拍，为园子带来了变幻多姿的情趣。

放射状的红砖突显了拱门的形态

拱门前方的地面，设计为呈放射状铺设的红砖图案，从白色的碎石中浮现而出，给人留下鲜明的印象。

红砖 × 鹅卵石韵律灵动的小径

作为踏脚石而排列有序的红砖周围，埋上小颗粒的鹅卵石，风格自然清新。鹅卵石中零散点缀着少许玻璃珠，在阳光下闪闪发光，妙趣横生。

绿茵石径园
草坪中的铺石小径
如同乐曲里的节拍般优美展开

地表以绿色草坪为主，放眼望去生机盎然。其中的石径则曲折蜿蜒，柔和恬静。青青绿草上，散布着圆形的踏脚石以及随意放置的旧枕木。园径和台阶将来访者从入口处迎入花园深处，对庭院充满期待。园径前面的花坛四周，围绕着小方石铺地，气氛悠然。随着景色变化而变化的脚下设计让庭院渐入佳境。容易单调的草坪庭院中利用自然的石材创造出变化，显得丰富多彩。

形状不同的石材组合排列
形成自然的小道

延续到花园深处的小径，细长的石块间夹杂着圆形的踏脚石，看似漫不经心，却搭配得恰到好处。

石块铺砌的园路
将植物区域优雅地分隔开来

宛如环绕花园的光环，天然石块铺砌成环形园径。淡灰的表面和草坪的青绿相得益彰。

各种素材分别介绍
地面铺装妙法

选择哪种素材，使用哪种设计，地面铺装可谓十人十色。比较各种风格的画面，找出适合自家庭院的一种吧。

In case of Wood
〈木材篇〉

自然度 100%

和草花的协调性出类拔萃

庭院角落铺上枕木做成咖啡吧

将枕木排列在地面上，放上折叠桌椅，就成了一个小露台。地面的素材差异造就变幻起伏，形成一个与庭院浑然一体的舒适空间。

枕木横向排列为园路画上拐角

园路上铺设的枕木特意左右不齐，形成柔和的蜿蜒感。蔓生百里香等地被植物包围覆盖，有天然风趣。

木板作为小径的木莓隧道

拱门上黑莓藤蔓环绕，仿佛一条野趣盎然的隧道，下面用木板铺成朴素小径，形成富于纵深感的自然空间。

地面枕木排列造就温馨恬适的氛围

庭院和建筑物之间的水泥道路全体铺上枕木，宛如甲板露台。花盆和杂货排列其上，形成优美的陈设。

轻松覆盖暴露的地表
木屑

植物素材与花坛环境配合得天衣无缝，营造出天然的角落

植物还未充分长好的花坛里，裸露的地表有碍观瞻，铺设树皮屑或木屑后，映衬了新绿的鲜嫩，让庭院的形象丰满起来。

In case of Block
〈红砖篇〉

最适合蜿蜒曲折的花园小径,
造就梦想中的欧式庭院

**深厚的颜色
铺设成自然的园径
打造沉静氛围**

烟熏效果的黑红色砖块铺成小径,
比起普通的红砖更沉着稳重,这种
情调非常适合自然风格的庭院。

**狭长的阳台上
红砖铺就别具风味的小路**

将颜色微妙差异的红砖纵横交错铺设在地面
上,格调不凡。让人不禁忘记身在公寓阳台,
充满自然情调。

**玫瑰圆顶下铺设了红砖
成为休憩的好去处**

藤本月季盛开的圆顶下,红砖沿着环形铺满地
面。放上一组户外桌椅,轻松舒适。

**古董砖块地面上
放置桌椅组合
构筑阳台一角**

墙边的一角用古董砖块按同一方向
铺砌,做成阳台一角。不用灰浆固定,
在地面上直接放置砖块,将来改造
起来也很方便。

**红砖缝隙间
小植物生机勃勃**

路幅狭窄的小径,铺设时考虑到植物蔓延的可
能,保留一定的空隙来放置红砖。少许随意的
蜿蜒带给人朴实无华的天然感。

**轻松遮盖显露的地面
红砖碎块**

**温暖人心的色彩
映衬得绿色
更加美丽**

植物难以生存、砖块又不易
铺设的死角,用红砖碎块巧
妙覆盖。既可配合沉着的氛
围,也适宜轻松可爱的风格,
红砖碎块可谓万能资材。

大面积铺装鹅卵石
让绘本中插图般的
庭院走近你眼前

浪漫的草地上铺满灰色鹅卵石，营造出野趣盎然的氛围，开辟了一个独特的天地。

铺设长方形石块，
打造舒适的空间

考虑到工具小屋的安全性，请来了专业公司施工铺装石块地面。不仅外观整洁，还有防止杂草生长、易于管理的优点。

In case of Stone
〈石材篇〉

安定感和稳重感，
形状丰富，使用方法多变

形状不固定的石片随意铺砌
让通向入口处的小径绽放异彩

形状不固定的自然石材铺设成通向玄关的小径，石头的粗糙质感衬托绿色的鲜嫩。淡灰色石片搭配绿色植物组合，构成稳重安定的画面。

轻松覆盖暴露的地表
圆形碎石

可爱的圆形、明亮的色彩
石材也可以造就柔和轻盈的感觉

仿造流动的小溪，在花坛里开掘细长的沟渠，铺上白色圆石，和岸边葱茏的绿叶形成鲜明对比，青翠欲滴。

浮雕石为平凡的地面
增添起伏变幻

在园路上井然有序地铺设浮雕垫脚石。单调的景观中浮雕花样非常显眼，渐渐生出的青苔和小草更增添了幽深的风味。

石块和草坪形成的竖条
构成清爽简洁的景致

作为车库的庭院一角，生硬的条形石中露出郁郁葱葱的草坪。桂花树的绿荫缓和了夕晒的热力。

In the Mixed case
〈组合篇〉

不同素材组合搭配，
体验独具一格的风情

玄关小径
不拘一格的脚下风景

延伸到入口处的小径利用枕木和红砖交替铺装，富于变化。和周围的地被植物和谐共处，散发着自然气息。

徐缓的台阶
让人期待
拱门后方的风景

通往蔬果花园的小径，方形的踏脚石配上淡色系的混合砂砾，静谧而清新。园路两旁的绿草更抹上柔美的一笔。

通过改变地面铺装素材
明确区分空间

红砖铺在长椅下，打造小露台感觉，枕木做成园路连接到深处的拱门，仿佛一条通往秘密花园的小径。

用红砖和砂砾
区分
植物间的界限

用黑色砖块铺砌园径。路两侧的植物脚下也覆盖同色系砾石。低调色泽衬托出绿叶的丰美。

植物较少的区域
利用铺装技巧焕发生机

没有植物的一角，地表铺设了茶色碎石和仿真枕木，给人以花园各处都打点得井井有序的印象。

随心所欲覆盖暴露的地表
木屑 X 踏脚石

单调的场所
通过覆盖或设置台阶，
锦上添花

阳台和水泥地的表面无法实施铺装时，可以先覆盖上木材屑，在其中随意放置方形石块，再难以修饰的场地也可以创造出变化。

巧妙利用
死角的

12 种方法
Technique

GARD
N

粗陋的户外水龙头和杂乱无章的水管、空调室外机周边、半高的窗下……
都是难以有效利用的死角。但是，动动脑筋，通过巧妙的布置也可以让这
些地方焕发出动人的风采！

户外水龙头的选择和
水管的收纳方法是关键

水龙头附近

户外供水处的首要任务是确保随时可以方便地浇水，所以水龙头在设计时多半以实用性为主，附属的橡皮水管也容易显得零乱，从而破坏整个花园的美观。这里我们介绍一下具有时尚感的户外水龙头周边的布置方法。

kitchen

zoom

2 自己 DIY
将水栓布置成柜子

将简易水管与水龙头相接，把水引入水槽，安上装饰柜后，打造成一件时尚的家具。最后把水管卷起放入柜中。

1 将橡皮水管盘卷在漂亮的吊钩上
显得整洁美观

将橡皮水管缠绕在锈色的铁质吊钩上，与墙面的装饰相融合。选择绳索状的茶色橡皮管。

3 制作一个装饰架
把水龙头装扮成花园杂货

在户外水龙头旁边用砖头和木头搭建一个棚架，通过与盆、杯子的搭配，让水龙头也成为独具风味的装饰品。

自己动手 DIY
用花盆和杂货
巧妙隐藏空调室外机
清爽整洁、令人眼前一亮

室外机周边

丑陋的室外机很容易破坏庭院景观。除了可以用手工制作的棚架和市面上的室外机箱来隐藏，更可以巧用心思，把煞风景的室外机变成美妙的花园亮点。

zoom 5

在日照充足的室外机外壳上设置一个陈列多肉植物的空间

阳光不易照射到的阳台花园通常会缺乏光照。这个通过邮购买入的室外机罩有足够的高度能得到阳光照射，非常适合多肉植物生长。
用铁丝网罩上雨水管道，再让铁钱莲攀爬覆盖，清新柔美。

4 设置圆弧形棚架将视线引导到上方

在室外机上搭建一个可以摆放花盆的两层棚架，再在顶部装上圆形拱门，使从室内看出的景观得到改善。

open

6 通过 DIY 把室外机外壳当作墙壁做一座壁上花园

利用花盆和日常用品把室外机外壳装扮成有深度的壁龛，使上下成为一体。
在室外机上方垂挂热带兰花，创意新颖。

7 把室外机上方变成储藏长形物体的收纳柜

自己动手制作一个带顶的收纳柜，将放置在小路旁的室外机巧妙地隐藏起来。
上半部分设置通风良好的格子门，用于收纳 DIY 后多余的材料。

zoom

8

使用栅栏和藤架
营造长椅凉亭风

在室外机和垃圾箱的两边分别安装栅栏，在上方搭设藤架，营造极具氛围的长椅凉亭。

9

选择容易布置
的室外机外壳

购买带有格子栅栏的室外机外壳。由于室外机处于小路旁，配上花园杂货和盆花后，让人忘记室外机的存在，成为一个怡人的角落。

设计成不起眼的收纳角落
还是光彩照人的观赏焦点

窗下的空间

半高的窗下高度和宽度都受到限制，而且缺乏深度，因此难以布置。我们可以根据日照和通风等不同的环境条件来灵活改变运用这块空间。

10

用手工制作
迷你温室点缀白墙

在窗下光照良好的地方放置一个兼具育苗和观赏功能的手工迷你温室。温室的侧壁和顶都使用半透明的塑料薄膜。

 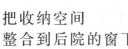

11

把收纳空间
整合到后院的窗下

在后院房檐下配合室外机的宽幅，建造一个既适于收纳，也方便取用的棚架，放置园艺工具和建筑材料。将水箱放置于棚架内不显眼的深处。

12

摆放一个小巧的架子
把背阴处轻松变成向阳处

屋檐下的飘窗之下是一个不受雨淋又不易得到阳光照射的空间。在白色木架下层收纳园艺工具，而可以得到充分光照的上层则用于放置盆栽。

让菜园 更 加精彩
打造时尚蔬菜花园的技巧

园艺生活的一大乐趣在于可以持续收获各种蔬果。其实，蔬菜和水果不仅仅带给我们收获的快乐，将菜园种出精致优美的格调，更让人赏心悦目。

下面我们让盆栽派和地栽派分别介绍提升采摘菜园视觉品味的技巧。

小小的空间也OK！

在容器和花盆里享受菜园之乐

在狭小的空间里同样可以体验种菜的乐趣。
只要在容器和放置方法上创出新意，蔬菜也
能成为美丽的风景元素。

在手绘花盆里单株种植
别具一格

普通的花钵经过自己油
漆后，呈现出耐人寻味
的味道。种上形状独特
的甘蓝菜，好像趣味杂
器一般。

小推车里合植了各种蔬菜
童趣缤纷

不同寻常的
塔形花架让
蔬菜的形象耳目一新

木制的小推车里合植各
种叶色优美的生菜、具
有鲜艳的红色茎干和叶
脉的瑞士甜菜等。再种
上粉色的龙面花，更加
娇美可爱。

用柔软的铁丝弯成美观的塔
形花架，种上紫苏，情调典
雅，让人难以想象这是蔬菜。

把蔬菜全部合植在
大型花盆里
避免破坏庭院整体风格

大型花盆里除了西红柿和生菜以外，还种植
了具有防治害虫效果的琉璃苣。整座庭院是
玫瑰园风格，这样集中种植蔬菜，既不会风
格冲突，又可以享受到采摘蔬果的乐趣。

用蔬菜实现丰富多彩的演绎

地栽享受收获的乐趣

在田地里栽培蔬果可以实现各种混合搭配，尝试各种富有乐趣的种植，栽植方法的自由度大大提升。在庭院设计里加入蔬菜和水果的要素，争取来个蔬果菜园大变身。

由于一些蔬菜不能连作，需要定期更换栽种的地块，所以将菜园划成 5 个区域，每年更换地块上的作物进行轮作。

根据蔬菜品种和主题的不同划分区域，设计成英国式菜园风格

巧用彩叶蔬菜
增添美好色彩

利用树枝搭成
塔形花架，造就田园
牧歌式风景

作为青椒和茄子的分界线，将树枝用麻绳绑扎成塔形花架，洋溢着恬淡悠然的气氛。
五彩缤纷的奶油生菜和紫叶生菜勾勒花坛边缘。具有防虫效果的金黄万寿菊更将色系点缀得变幻有致。

花坛边缘种上彩色的金叶和紫叶生菜。

黑莓攀缘成天然绿垣
增添了庭院的自然感

栅栏上爬满硕果累累的黑莓，清新迷人。兼具采摘园和遮目屏障的功能。

圆形花坛加以分割
做成富于变化的区块

以爬满黄瓜藤的铁艺塔形花架为中心，把圆形花坛分割成放射状，每个区域都种上不同的蔬菜。

苦瓜架
X
黄色椅子组合
别致新颖

板栗树下用枯木搭成的
木花棚上，苦瓜的藤蔓
青翠欲滴。黄色的折叠
椅让原木和苦瓜果实的
沉重感变得轻松明亮。

栽种西红柿的角落
墙壁上牵引着藤本月季

西红柿的绿叶非常有
分量感，而在小屋的
墙壁上攀爬的蔷薇
'埃克塞萨'光彩照
人，整个画面沉稳又
不失华丽。

菜苗添上小饰物
蔬菜角落时尚变身

右／顶端有花饰的支柱插在
辣椒旁，别有风致。
左／童趣可爱的支架夹着种
子袋，让采摘园生机勃勃。

有机栽培玫瑰

盛放的秘密花园

——无农药玫瑰园访问记

壮观铺展开来的玫瑰花海，纤细优美的众多草花。水粉色系的花朵和谐地融为一体，相互映衬，造就了一个安适空间。在这座花园里，主人对植物的深深爱意，化作纯美的园艺结晶。

安静的住宅街高地上有一处玫瑰园，在大街上看不到花园的样子。从入口处的长长的台阶上来，穿过住宅侧面，不经意中豁然开朗，一座被玫瑰花香所包围的庭院展现在眼前。

横向细长的小小庭院，不管是日照还是排水条件都非常差，实在不能说是一个适合植物生长的环境。但就在这样的园地上主人种植了各种玫瑰和草花，成就了一个花团锦簇的庭院。

花园的建设是从搬入堆肥、改良土壤开始的。堆肥提高土地的肥力，给予植物旺盛的生命力，主人使用了自己制作的 EM 菌 (良性微生物菌群) 来发酵堆肥。

这样，土壤慢慢变得疏松，营养结构也得到了改善。此外，还把淘米水和EM菌混合发酵的酵素洒在植物脚下和土表。天然酵素与化学药品不同，可以安心使用，而且还可以用于家里清洁和除臭。在害虫预防方面，则采用了辣椒和大蒜浸泡的白酒，定期喷洒，不可疏忽。

最初认为在这个庭院里玫瑰难以开花，但时到今日辛勤的劳动结出成果，已经达到了六十多种，病虫害也比造园之初得到大幅控制。各个季节的草花和玫瑰竞相开放，花繁叶茂。于是，主人把花园彻底开放给公众，和来访的花友交流有机栽培的经验，成为园艺生活中的一大乐趣。

色彩缤纷的花园前是一条细长的阴生花境，栽培着玉簪、金线草 (Polygonum filiforme) 等植物。

悉心改良的土壤
提高了植物的生命力
才能绽开美丽的花朵

左／灿烂开放的玫瑰和多年生植物。庭院里充满了玫瑰的芬芳。
右／大蒜和辣椒浸泡在金酒（蒸馏酒）里做成除虫剂，背后的瓶子里淘米水和EM菌混合成活力剂。

从深处的拱门望过去的风景。园
路徐缓弯曲，让整个风景看起来
恬美幽静。拱门上的白色月季是
四季开花的品种'丰饶'。

Stylish Garden

横向细长伸展的庭院中央设置了一个拱门，把庭院分为东西两
个部分。东侧较暗的部分设为阴生花园，西侧比较明亮的一半设为
花卉园，同一所花园里可以欣赏到两个风格迥异的空间。

阴生花园里栽植了大量风知草、玉簪一类叶色鲜润的植物，为
了聆听流水的声音，还开辟了一个小型水景瀑布，清幽水润。头顶
的树木是秋日可以欣赏到果实的藤本蔷薇'宝藏探索'('Reasure
trove')和刺少的'弗朗索瓦'('Francois juranville')，枝条茂密粗
犷，散发着野性气息。

钻过拱门，一座由月季和多年生植物组成的艳丽的花卉园展
现在眼前。园中以浓淡不同的粉红色为基调，多姿多彩的组合和阴

藤本月季生长过度时
在妨碍美观处大胆剪除
这样侧枝会更加茂盛

树木下方最为阴暗的地方，建造了4层瀑布。潺潺水声悦耳清心，沁人心脾。

可以环行一周的花卉园。花色以粉红为基调，也搭配了黄色的月季＇奶油硬糖＇来增添变化。

生花园形成鲜明对照，洋溢着浪漫欢快的气氛。因为空间狭小，为防止产生压抑感，以中小花型品种为中心来种植。

　　为了时常与美丽的花朵亲密接触，铺装了适合自由行走的园路。小径上的石头朴实无华、独具魅力，据主人说，这些石头都是遛狗时从野外拾来，日积月累逐渐铺设成这条小径。辛勤的主人不厌其烦地照料着这座花园，正是这种温暖的爱心，才得到了园中植物们繁花似锦的回报。

左／绿叶葱茏里的鸭子雕塑，从这个方向看过去俏皮可爱。
右／玉簪和紫叶橐吾等大型多年生植物组成的花境。花卉园里所没有的野生风味。叶片的颜色和形状变幻多端，令人百看不厌。

让 果 树 成 为 庭 院 的 装 饰 品

有果树的花园

除了能享受到收获果实的喜悦，果树还能为庭院带来开花、结果、落叶等四季变化的观赏乐趣。

在下文里，我们提供数个有果树的花园范例和广受欢迎的果树品种，供大家参考，在今后的秋日里，试着为庭院增添一些新的"表情"吧！

**鲜艳的果实
为庭院增添了色彩
在斜坡上
营造山野花园**

在优雅的紫色绣球花旁边种植黑莓。朴实的格子架上到处悬挂着诱人的黑红色果实，仿佛一幅自然的风景画。

这是站在楼顶露台上看到的花园风景。纪念树枹栎（*Quercus serrata*）仿佛一把天然的遮阳伞，使人们在甲板露台上可以心情舒畅地享受森林浴。

在绿意盎然的空间里
水果增添了艳丽的光彩

这是一处安静住宅区的一角，到处覆盖着森林般的绿色。斜坡上耸立着一株约3m高的枹树，是主人家的标志树木。整个庭院树木随意栽种，重重叠叠的树叶把绿意盎然的庭院变成了一个独立的空间，仿佛截取自山野间的风景。

花园各处都栽种着硕果累累的果树。除了黑莓、覆盆子等浆果，还有葡萄、

葡萄 新麝香葡萄

葡萄科 落叶藤本
花期：5月下旬—6月上旬
收获期：9—10月上旬

春天开花，白色的花朵芳香美丽。
由于其喜阳、耐热，因此最适宜作为
绿色屏障。清爽的黄绿色果串也非常
适合观赏。

Grape

Blackberry

极具清凉感的果串悬挂头顶，仿佛是一条麝香
葡萄的隧道。小木通（*Clematis armandii*）和
凌霄花搭配显得更加美丽。这样的种植方式同
时也可兼作与邻宅相隔的围墙。

黑莓

蔷薇科 落叶灌木
花期：5月份
收获期：7月下旬—8月份

春天开花（白色小花），夏天结果（果实从鲜
红色慢慢变成黑色）。
习性强健，在浆果类果树中特别受欢迎。收获
的果实数量多也是它的魅力之一。

Gooseberry

鹅莓（*Ribes uva-crispa*）

虎耳草科 落叶灌木
茶藨子为虎耳草科下的一个亚科

它的特征是叶片像鸭儿芹一般的手掌状。
夏天结果，果实为半透明的条纹状。由
于它适宜在寒冷地区栽培，也可以种植
在半遮阴处。又名醋栗。

脐橙等果树，大约有十多种。用手工制
作的朴素支架和简单支柱把各种果树立
体化、层次化，与其他的植物以及整个
自然环境融为一体。

到了收获季节，在灌木和草本植物
丰盈的绿色背景上，或红或紫的新鲜果
实如宝石般熠熠生辉，形成丰润明朗的
庭院"表情"，令人心旷神怡。

Blueberry

蓝莓

杜鹃花科 落叶灌木
花期：5月份
收获期：9月上旬，春天开花（花
朵为钟形），夏天结果（果实为蓝
紫色）。

不同种类生长习性也不同，有些种
类适宜在寒冷地区种植，有些种类
适宜在温暖地区种植。晚秋时的红
叶极其美丽。

凉爽季节上市的
耐寒果树品种目录

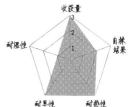

秋天是耐寒果树树苗上市的季节。
根据种植场所和种植目的，一起来挑选一下合适的品种吧！

中高树形类

适合作为主要
景观树木栽种

应选择自然树形美观，能生长到3m
左右的树木。在结果的季节引人
注目，非常符合作为纪念树等
主要景观树木的特性。

Medium and high tree type

橘子 '西南之光'

柑橘科 常绿灌木或小乔木
花期：5月份
收获期：12月份

橘子只需要一株就可以结实（不
需要异株授粉）。果实橘色而带
有光泽，挂满枝头十分好看。因
其生长时间短，属于早果品种，
因此栽种的当年就可以收获。非
常适合初学者种植。

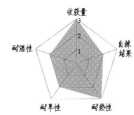

无花果

桑科 落叶灌木
收获期：7月份、8月中旬—10
月份

如名字"无花果"所示，其花隐
藏于果实之内，花和果仅从外表
是无法分辨的。无花果的叶片极
具观赏性，也是它的魅力之一。
抗病性强，值得推荐给初学者。

苹果 '阿尔卑斯少女'

蔷薇科 落叶 花期：4月份 收获期：10月份

'阿尔卑斯少女'的果实直径约4cm，是一种可爱的迷你苹果。
其开花、结果状况良好，花期、挂果期都很美丽，收获时节鲜
红的果实如铃铛般缀满枝头，丰姿绰约。

藤蔓植物类

在栅栏和篱笆上，可以
很好地营造出立体感

藤蔓植物具有点缀空间的效果，
能给庭院带来立体美。
其生长旺盛的枝叶和美丽的果实
烘托出自然优雅的氛围。

Climbing type

博伊森莓（Boysenberry）

蔷薇科 落叶灌木—一种杂交草莓
花期：5月份
收获期：6—7月份

果实为紫红色大颗粒，无刺，采摘方便，但不适合生吃。在莓类水果中
的营养价值特别高，作为新型的健康水果备受关注。

灌木类

不占场地的灌木类
果树是庭院的亮点

对于树木栽种空间不足的小型庭院，推荐种植小型灌木。有些果树甚至可以种植于花盆中，轻松点缀花园的一角。

金橘‘玉玉’

芸香科 常绿
花期：7—8月份
收获期：12月—次年1月份

因其植株矮小，无论庭院大小就能轻松栽种。冷寂的冬天，枝头结满果实，极具魅力。也适合盆栽种植。

蓝莓‘佛罗里达玫瑰’

杜鹃科 常绿 花期：5月份 收获期：7—8月份

果实在完全成熟的时候并不是蓝色，而呈现粉红色。果实颗粒硕大，微酸，口味和品质都很稳定。属于兔眼蓝莓品种，适合种植在温暖地区。

费约果树（Feijoa sellowiana）

桃金娘科 常绿 花期：7月份 收获期：9—10月份

原产于南美洲，但习性耐寒，因此在温带地区也能种植。初夏开花，花朵亮粉色，秋天结果，果实绿色，呈紧握的拳头状。

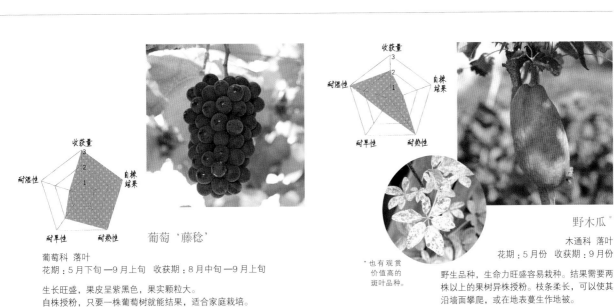

葡萄‘藤稔’

葡萄科 落叶
花期：5月下旬—9月上旬 收获期：8月中旬—9月上旬

生长旺盛，果皮呈紫黑色，果实颗粒大。
自株授粉，只要一株葡萄树就能结果，适合家庭栽培。

野木瓜*

木通科 落叶
花期：5月份 收获期：9月份

*也有观赏价值高的斑叶品种。

野生品种，生命力旺盛容易栽种。结果需要两株以上的果树异株授粉。枝条柔长，可以使其沿墙面攀爬，或在地表蔓生作地被。

孕妈妈的花园生活
——幽蓝之庭

即将迷失自我的时候
花园拯救了我的身心

在市内的住宅街上有一所 36 年历史的老房子，就是我现在租住的家。在我的起居室里，古老的挂钟发出十分规律的滴答滴答声，而在起居室对面，是一座植物丰盛、繁花盛开、充满怀旧情趣的庭院。

从小就在庭院里和植物相亲相爱的我，曾经帮助爸爸打点家里的菜园；又在寒暑假拜访住在乡下的爷爷奶奶，帮助他们在田里劳作；小学时还学过栽种牵牛花……

这所有和园艺相关的一切都让我感到快乐美好，而在其中，我也学会了照料自然界中的植物，所以我一直深深希望能照顾管理更多的植物。

搬到这间老宅子以后，我开始着手培育各种植物，几乎把所有的植物都尝试了一遍。

大学时代我作为音乐家而崭露头角，此后就一直埋头于工作，暂时告别了和植物们的交往。我一旦工作就会全力以赴，所以这段时间几乎 100% 都是和音乐一起度过的。直到有一天我忽然感觉到曾经热爱的音乐已经让我如此疲惫不堪……

于是我开始将注意力分散到烹饪和园艺方面，精神和肉体都渐渐恢复了正常。虽然集中注意力在一件事情上可能是最佳状态，但我觉得平等对待音乐、烹饪和园艺，才是我自己最喜爱的生活方式。这 3 件事情每一件都让我感到享受，三全齐美。现在对我来说，音乐、烹饪、园艺，都是生活中不可或缺的一部分。

左／四处放置幽静的蓝色家具和杂货，成为庭院的最好点缀。用剩下的蓝色油漆顺手刷了一遍椅子，没想到效果出奇地好。这种纯粹的蓝色与绿色的叶片，紫色和粉色、红色的花朵都十分搭。从那以后，这座花园就干脆以幽幽的海蓝色和它的补色作为色彩主题。
下／南向的庭院从早到晚日照极佳。香草、蔬菜、果树自由自在地舒枝展叶，到处是生机无限。

在父母的家乡有着爷爷留下的老院子。其中种着枣树和无花果等各种果树，水果四季丰收。

无论哪种蔬菜
在收获前都会有
各种各样的故事

烤猪排配上茴香叶，色拉里加上荞麦和旱金莲、锦葵，土豆
配上百里香，庭院里新采摘的香草大显身手。

水果醋、水果酒、油浸干番茄等瓶瓶罐罐排满厨房的窗台。草花随手插在茶杯和啤酒瓶中。

庭院是客厅的延伸，天气好的时候从早到晚都可以在户外用餐。植物的生机和小鸟的模样，百看不厌。

工作中认识的朋友和熟人都是我邀请到家中招待用餐的客人，新采摘的香草香气四溢。庭院的草花更成为厨房的装点。

也可以用于色拉的锦葵色彩鲜艳，泡出香草茶非常好看。从前我看到人家往锦葵茶里加入柠檬，茶水慢慢从蓝色变成粉红色，觉得神奇极了，就想亲手做来尝尝。锦葵对于喉咙和鼻子的黏膜都有呵护作用，所以又被称为音乐家的香草。

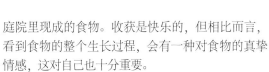

营建一个可以食用的庭院

信赖植物的生命力

2 年前搬到这座庭院。拔净园中荒芜的杂草，耕耘园土，大约有半年时间花在更新土壤上。去年还很盲目，把想种的植物随手播撒。过去我在花盆里培养植物时非常小心，没想到过度溺爱反而没有养好植物。越关注它们，越是娇弱，这次我不再动手，让它们自由生长，结果真的长成茁壮的幼苗，开出绚烂花朵，就连散落的种子都格外饱满。

我非常喜欢在家烹调菜肴招待朋友，用的也是庭院里现成的食物。收获是快乐的，但相比而言，看到食物的整个生长过程，会有一种对食物的真挚情感，这对自己也十分重要。

观察——享受，品尝——学习，拥有这样一座庭院，它让我的日常生活更丰富，而且也改变了我对食物的看法。

拔掉齐胸高的杂草，一边翻土一边混入堆肥，再把从原先家里带来的植物排放好，进行设计。

和植物一起的生活是 一种长态体验

为了对付害虫而设置了鸟屋，小麻雀住了进去，辛勤捕捉害虫哺育雏鸟的鸟爸爸和鸟妈妈的样子看得人心里暖意融融。

周围的植物都长好后，原来种下的弱小树木也长大了。青葱满目的庭院里，人和植物都一样生机勃勃。

右上／工具统一收拾放在屋檐下，长筒靴、橡胶手套、箱子和花盆等，都刷成了幽蓝的主题色系。左／桌子的对面是我的座位，因为我喜欢吃咖喱饭，所以在这个座位身后种下了一片银灰色咖喱草。右下／红砖排列的台阶附近生长着茂密的三叶草，听说豆科植物可以改良土壤，所以在庭院各处洒下了种子。

用果实累累的庭院 迎接即将出生的宝宝

一座自然天成、朴实无华的庭院，不屠杀害虫也是其中的特点。我认为每一种虫子都有它生存的意义，不能因为人类的缘故去蛮横地消灭它们，即使发现了也顺其自然。它们喜欢庭院的绿叶就让它们吃吧！为了维持庭院中小小的生态系统，种植了多种植物，去年几乎没有发生虫害。这是因为各种不同的植物会招来不同的昆虫，相互捕食，生态保持了自然循环。

唯一发愁的是危害根部的害虫，例如金龟子的幼虫。我听说鸟类可以吃掉它们，所以去年冬天在庭院里设置了鸟屋，放上葵花籽和清水，邀请小鸟入住。白脸山雀、麻雀、灰椋鸟等众多小客人都来到我家，结果上一年频繁出现根部虫害的地方，今年却一次也没有发生。我必须感谢这些可爱的小鸟，帮助我战胜了害虫。

利用这样的自然生态，我期待一座所有生物都可以幸福生活的丰盛之园。有了绿色和土壤，猫也来了，鸟也来了，蝴蝶和蜜蜂也来了，自然

我希望带给孩子培养植物的快乐，让他知道人类也是自然的一员。让他也学会和植物们的共处之道。

成熟后变成红色的醋栗。种植桃子、费约果、鹅莓等果树，以食材中较名贵的品种为中心来进行种植。

猫咪睡在手工制作的花坛中央。猫、鸟、虫都欢迎的庭院，动物也可以怡然自得。

左／庭院里枯萎的洋甘菊放在玩具钢琴上作装饰，过段时间可以收集干燥的花朵泡茶或是浸入橄榄油里。
右／托盘里装饰着庭院散步时随手采摘的花朵，小小的植物也不可以浪费。

客人的来访令人惊喜不禁。看到这么多不期而至的动物客人，自己每天都能感到生命的意义。

为了迎接这个夏天即将出生的宝宝，我对庭院的设想也有了变化。就像小时候住过的爷爷家的老房子，我希望也给孩子留下一个硕果累累的庭院。爷爷去世已经十年，但是他留下的果树依然年年结出果实。也许我不能给孩子留下财产，但是我希望给孩子同样留下一个丰盛、幽静、充满生机的庭院。

彩椒可以这样吃

在收获丰盛的夏日，最好的食谱莫过于使用自家庭院里栽培的香草和蔬菜做成的当季佳肴。这里我们就来关注一种如水果般甘甜可口的夏日蔬菜——彩椒的魅力。

白色小花开放之后，要把花下所有的腋芽都除去，这样可以保证植株茁壮成长，收获大量的果实。

彩椒

品尝彩椒
鲜艳的颜色和甜美的味道

营养价值

彩椒含有绿色青椒 2 倍以上的维生素 C。果肉厚实，煎炒加热后也不会破坏维生素 C 的成分，可以保证我们有效地摄取营养。还含有丰富的维生素 E，具有防癌和防止机体老化的作用。

红色彩椒的重乳酪蛋糕

<材料>
（直径 15cm 的圆形活动底蛋糕模具一个）
曲奇饼干……80g
融化的黄油……30g
奶油奶酪……200g
砂糖……45g
橙汁……50ml
片状明胶……6g
原味酸奶……35g
红色彩椒（去除籽后用擦菜板磨碎）
……100g
鲜奶油……80g

<小窍门>
＊使用较细的擦菜板擦磨彩椒，可以产生细腻柔滑的口感。
＊彩椒的颜色和品种，可以随意改变。
＊从蛋糕模具里取出时，用热毛巾包裹四周，更容易取出。

<做法>
①将曲奇放入厚塑料袋内，用擀面杖压碎，加上融化的黄油后搅拌均匀。　②把①填入蛋糕模的底部铺平压实，放入冰箱里冷藏。　③在一个大碗中放入室温的奶油奶酪，用打蛋器搅打至平滑，加入砂糖搅拌均匀。　④加热橙汁至即将沸腾的状态，把事先用冰水浸泡复原的明胶片投入橙汁，让它溶化后一点点加入③的大碗里。　⑤在大碗里加入原味酸奶、磨碎的彩椒。⑥鲜奶油搅打至六七分发泡，将所有材料的混合倒入模具，放在冰箱里冷藏至成型。

彩椒西式冷汤

小窍门

烘托出彩椒甜味的要点

用铝箔纸包裹彩椒放入烤箱烘烤到略显焦糊色，甜味和香味都会增加。而且这样加工后容易去皮，口感更细滑。

<做法（2人份）>

① 彩椒1个，包在铝箔纸里，用烤箱以200℃加热20~30分钟。　② 散热后除掉籽和皮，加入少量牛奶（100ml）用果汁机搅打至平滑。　③ 用牛奶调整浓度，加入少许盐和胡椒调味。加入鲜奶油或橄榄油，撒上切碎的欧芹或虾夷葱稍加点缀。

彩椒果酱

<做法>

用擦菜板擦好的彩椒100g和麦芽糖35g、西柚汁35ml加入锅中，打开火加热。一边撇去表面的浮沫，一边待煮到黏稠状，稍稍剩余一点水分时关火，搅拌均匀后盛入玻璃餐具。在冰箱里可以保存数日，尽早食用为宜。

这么艳丽的色彩蔬菜……意大利还是西班牙

每次看到彩椒，脑海里都会浮现出这些热情的拉丁国度。用橄榄油浸泡的开胃菜里、和鱼虾类一起烧煮的西班牙海鲜饭上，都可以看到彩椒的身影。当日常餐桌上缺乏色彩，或是急需准备食物的时候，请出彩椒上场，餐桌立刻就热闹起来，家人的筷子也一起伸过来，彩椒真是有着不可思议的魅力。

缤纷的色彩带来活力、鲜嫩的口感，水果般的甜味，再加上丰富的营养价值，彩椒的适用范围十分广泛，可谓蔬菜里的万人迷。

过去彩椒还不常见的时候，尝试栽种却不知收获的时机，在它还没有变色就趁着绿色吃掉了，现在才知道原来彩椒要在骄阳下完全上色后才可以收获，但那时令人眼花缭乱的色泽，反而让人不忍心下手采摘。

带着这种纠结的心情，采摘了各色彩椒，将它们变身为美味的甜点。终于可以尽情品尝来自拉丁国度的魅力。

探访川西高原最美的野花路线

蕊寒香·文、照片
蔓 玫·手绘图

海螺沟
雅家埂
康定

塔公草原

龙胆

新都

倒提壶

往雅江

贡嘎山

四号营地
（3400m）

三号营地
（2980m）

冰川

大百合

　　盛夏的川西高原，蓝天白云下、高山草甸上成片开放着各种五颜六色的野花，白的，红的，蓝的，粉的，黄的，大自然用画笔描绘出最丰富的色彩，细细看来却是白色的银莲花、粉色的点地梅，黄色的毛茛，蓝色的勿忘我，紫色的报春，红色的龙胆……

　　你可能想不到，这些在欧美的花园里才能见到的奇花异草，其实都产自中国，而且在中国西部的高原上，开得如此灿烂，如此浩瀚。作为一个为花痴、为花狂的园艺爱好者，是不是立刻就想来一场想走就走的旅行了呢？

　　今年盛夏，就让我们来一场而专为约会野花的观花之旅吧，去邂逅最纯净的蓝天、最古远的冰川、最辽阔的草甸，以及那些最美丽的高山精灵们！

泸定百合

尖背百合

往雅安

康定机场

康定

泸定

全缘叶绿绒蒿

雅家埂
（3830m）

报春

岩须

情人海

两头毛

红石滩

磨西镇

蔷薇

二号营地
（2660m）

高山杜鹃

一号营地
（1940m）

康定木兰

**海螺沟
放大图**

全缘叶绿绒蒿：在野花盛会之初的5月份就开始绽放的全缘叶绿绒蒿，生长在植被低矮植物的石滩中，特别夺目显眼。硕大的花朵盛开时，黄色的花瓣在高原阳光照射下，呈现出绸缎般华丽夺目的色彩，背衬蓝天、白云、红石，成就了它孤傲绝世的美！

想走就走的4个理由

最高原

海螺沟—雅家埂—康定一线位于横断山区中间地区，特殊的地质构造和气候造就了雪山、冰川、海子，更孕育了无数的特有生物，至今这里还保存大量古老的植物类群，并不断演化出众多新的物种，被称为生物多样性的宝库。

最野花

这一地区是高山植物的天堂，植物资源异常集中，高山杜鹃、绿绒蒿、龙胆、百合、银莲花，不仅有各种野花可以辨认，还有成片的花海和花毯足以让花痴过足花瘾。

最美景

行走在离城市最近的森林冰川之上，近距离观赏蜀山之王贡嘎雪山和日照金山的美景、遥望妖娆妩媚的红石滩以及与美景共舞的高山花卉都让人如痴如醉，唯一在醉倒前需要切记的是带足内存卡和电池。

最便捷

交通住宿条件相对较好，徒步难度小，是老少皆宜的观花路线。从成都出发，整个旅程只需要4～5天时间。

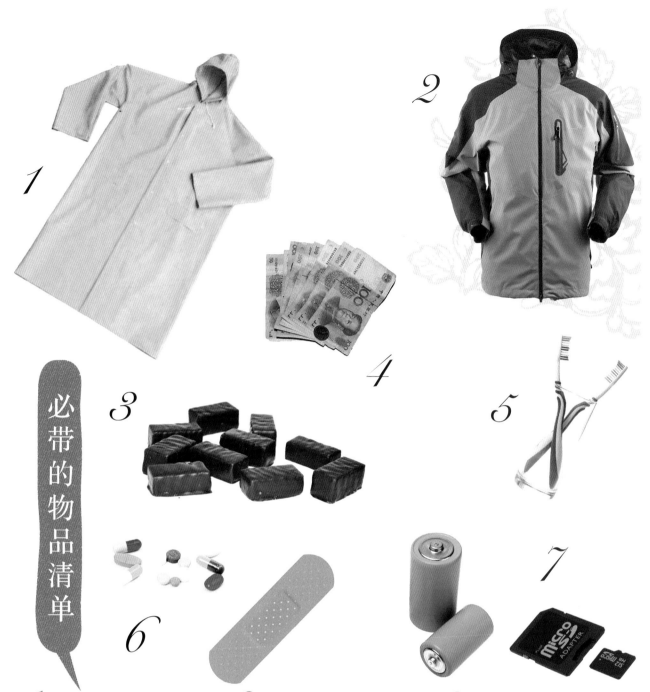

必带的物品清单

1 防雨防晒用品

雨衣、防水登山鞋、防晒霜、遮阳帽等。高原紫外线很强，务必做好防晒，否则会被晒伤。另外气候干燥，润肤霜和润唇膏也是必备。

4 证件类

身份证件、现金。身份证必带，银行卡基本没有用途，康定有农行可以取钱。带足现金，分开存放。

7 卡和电池

相机备用电池和32G以上的存储卡，高原上电池消耗比平地快很多。牢记一句话："这里你可以不带足钱，但一定要带足相机存储卡和电池！"

2 防寒衣物

冲锋衣裤。高原的温差相当大，温度在夜间可以下降到10℃以下，早晚可能需要穿羽绒服、冲锋衣，而晴朗的午后，就只需要穿短袖了。因此要带足衣物，根据天气变化，随时增减。

5 个人用品

其他个人洗漱、卫生用品，该地区旅店条件有限，必须自带。

3 能量补充食物

巧克力、士力架、红牛饮料等以及其他自己喜欢的食物。不能吃川菜的要带些方便食品。

6 常用药品

感冒药、黄连素、多酶片、创可贴、速效救心丸、头痛粉。

小贴士

上高原最怕发生的是高反，6—8月份是高原植被最为丰富的季节，空气相对含氧量高，高反几率会小很多，不过，大家还是做好一些预防高反的准备。不要突然奔跑、剧烈运动和快速改变体位，蹲着、趴着拍花时要缓慢起身。如果出现头疼、恶心等轻微高反症状不要紧张，放慢步伐、喝些热水和酥油茶，或者向低海拔区下行，就会逐步好转。如没有缓解或症状加剧，应及时就医。

Day 1
磨西镇

从成都出发，到海螺沟口磨西镇，行程约385km，需要8小时左右。虽然时间有些漫长，但是沿途的风景异常优美，让人丝毫感觉不出疲倦。

温润如玉的雨城雅安、清澈碧绿的青衣江、长达2km的二郎山隧道……传说中的美景一串串从眼前飘过，这时非"养眼"两个字不能概括心中的感觉。再瞪大眼睛，更可以发现从车窗边掠过的星星点点的红色川百合、粉色角蒿、白色绣线菊，以及从山崖上探下头来眺望着我们的高大无比的泸定百合。

如果不巧遭遇到堵车或道路塌方，没准这是一件最幸运的事。在征得司机同意后，不妨下车小小散步片刻。在公路边的田头地脚、石缝砖沿，都有着无数在城市里看不到的小花在静静开放。有时运气好，还能在老乡家门口的花盆里看到他们种植的旱金莲、大丽花和天竺葵。虽然这些都是常见的园艺品种，但是每次看到它们在高原的紫外线下蓬勃怒放的样子，都会让花痴们带着哭腔感叹："为什么这里的大丽花和天竺葵长得这么好、这么好呢？"

住宿

到达磨西镇后，喜欢腐败的可以选择直接进沟，入住海螺沟1号营地的饭店。那里有号称贡嘎第一神汤的温泉，能享受到在漫天萤火虫飞舞中泡温泉的野趣。

如果不进沟，则可住在沟口磨西镇上。磨西是个旅游小镇，各种档次的住宿都有，推荐磨西老街的鑫飞客栈，客栈干净、温馨，有家的感觉。特别是老板刘哥为人热情，不管是咨询天气、路线，还是找车买票，总之一切问题都可以找刘哥帮忙解决，十分省心。

交通

成都旅游客运中心（新南门汽车站）每天清早有一班直达海螺沟景区的旅游客车，可以网上订票。没赶上这班车，也没关系，可以乘坐成都到泸定的班车，在甘谷地下车后转到磨西镇的乡际班车（到泸定班车很多，基本1小时一班）。

秘籍

1.尽可能坐在司机同侧座位，可以更好地欣赏路途风光，特别是大渡河沿岸山崖上冒出大片大片的泸定百合时，你会深深体会到坐在司机同侧的优越感。当然，最疯狂的百合爱好者还可以选择第二种方式，到甘谷地后不要坐班车，找个出租包车到磨西镇，这样你可以看到百合随叫随停，近距离和泸定百合来个亲密接触。

2. 中午最好自备干粮，班车定点餐饮，停靠的小饭店一般条件都比较差。从美食之都成都随意打包点爱吃的食物，嗯，这是必须的。

泸定百合

百合科百合属，非常强壮高大的百合，盛开时壮美逼人。不仅会出现在树林崖壁，时不时也出现在民居小院哟。

泸定百合

唐松草

毛茛科唐松草属，这种唐松草常常超过一人高，花开如云霞般密集的花序让人惊叹不已，路边常见。

往雅安

川百合

原生百合的一种，花多，橘红色，常出现在餐桌上的传统的食用百合——兰州百合就是它的变种。

泸定

磨西镇

珊瑚苣苔

苦苣苔科珊瑚苣苔属，下车才看得到，路旁的墙石和泸定百合四周阴面的岩石上常常能发现它的身影。

两头毛

紫葳科角蒿属，粉色的小喇叭花成串开放，生长在大渡河边干热河谷地带的路边和灌丛中。

Day 2

海螺沟

海螺沟是比较成熟的景区，景区内有环保旅游车开到登山道入口。虽说是坐车，但是沿途仿佛漫步在绿色海洋中，远观蜀山之王贡嘎雪山的雄姿，近看松萝密布的原始森林。下车后，顺着游山道悠然而行，就能在不经意间发现各种高山杜鹃、康定木兰、荞麦叶大百合、报春、野生猕猴桃、华西蔷薇、绣球藤、天南星、虾脊兰、对叶兰、杓兰、岩须、溲疏……

至于能够找到多少种高山植物，就要考验个人的搜索能力了。提前根据《花园MOOK》中的图片做做功课，想必会提高不少经验值。其实找到的植物不管是多还是少，与它们的任何一次邂逅，都会让人感觉美得冒泡。

秘籍

1. 海螺沟冰川虽然是森林冰川，含氧量丰富，但是高海拔行走要缓行，切忌快速奔跑，进入冰川只能在相对安全区活动，不可随意探险。冰裂缝、冰潭，千万不要好奇去试探深浅。
2. 海螺沟1号营地有非常优质的温泉，有时间可以去泡泡温泉，消除疲劳。
3. 登山道上雨后湿滑，必须穿着防滑的登山鞋。沟内仅有少量餐点，建议自备些干粮。

华西蔷薇

蔷薇科蔷薇属,最红的蔷薇花,丝绒般的花瓣极其罕见。生长在海拔2700~3800 m的山坡和灌木丛。

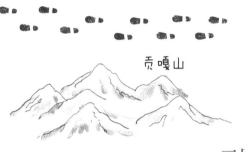

贡嘎山

扁蕾

龙胆科扁蕾属,纯净的花色,是著名的"高原蓝"的代表品种。在环境潮湿的草地,溪边可以找到它。

三号营地
(2980m)

四号营地
(3400m)

冰川

二号营地
(2660m)

一号营地
(1940m)

绣球藤

铁线莲的大部分原生种都在中国,绣球藤就是其中蒙大拿铁线莲的原生种,生长在海拔2200~3900m的山谷、林中或灌丛中,花期4—7月份。细心寻找还能找到其他的原生小铁哦!

金露梅

蔷薇科委陵菜属,生于海拔3600 ~ 4800m的高山灌丛、高山草甸及山坡、路旁等处,超级耐寒,金黄色的花簇特别显眼。

Day 3
雅家埂

对于当地人来说，雅家埂只是一条从磨西镇到康定的便道，70多千米路程大约只需要2小时就能从泸定到康定；翻阅历史，这却是浓缩了厚重人文的文成公主进藏的唐藩古道，也是后来著名的茶马古道的一段；而对于植物爱好者来说，这里却是一条通往植物王国的天路，一天的时间都不够走。

从海拔1600m的磨西镇，到海拔3980m的雅家埂垭口，沿公路而上，从阔叶林到针叶林，到高山灌木丛、高山草甸、流石滩，道路两旁的各种奇花异草，让人目不暇接，寸步难迈。可以毫不夸张地说，在这里一天所看到的植物种类，可能比很多人一生在城市里见到的植物种类还多。

当年，植物猎人威尔逊面对着满山遍野在微风中摇曳的绿绒蒿，以及各种银莲花、报春、紫堇、龙胆、鸢尾等无数盛开的高原花卉，喜极而泣，写下了"我相信再也找不到一个如此夸张豪华的地方"这样的感受。如今，威尔逊在这里采集的各种高原花卉的后代已经遍布在欧洲园林，闻名于世的新西兰猕猴桃，也是雅家埂野生猕猴桃的后代。

尖被百合

花型特别的百合，好像拈成兰花指一般，最神奇的是它特别特别香，常和垫状杜鹃林伴生，海拔 2700~4250m。

川西灯台报春

报春科报春花属，浓艳的橘红色花组成橘红色的花海，很容易被发现。

假百合

百合科假百合属，生长在海拔 3000~4500m 的灌木丛和草甸中，花葶高大挺拔，很容易发现。

松萝

松萝科松萝属，这种植物非常挑剔，凡是它出现的地方空气等级一定是特优。看见它的身影记得要深呼吸，感受最清新的空气。同时松萝还是小熊猫和猕猴喜爱的食物。

康定

雅家埂

岩须

红石滩

磨西镇

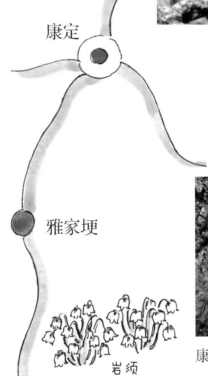

川西绿绒蒿

罂粟科绿绒蒿属，"高原蓝"的重要一员，喜欢生长在乱石堆里，蓝色的花瓣让灰白的背景瞬间明媚起来。

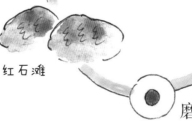

康定点地梅

报春花科的点地梅属，细小娇弱的粉红色花，中国特有种，喜欢和杜鹃作伴。

岩须

杜鹃花科岩须属，株高不到 10cm，如玉一般晶莹剔透的小铃铛，生于海拔 2000~4500m 的灌丛中或灌丛草地，岩石上也能发现它的踪影。

Day 4
康定 / 新都桥 / 塔公草原

时间紧张的人在第4日上午游完康定城后，下午可以返回成都。康定到成都从早上6点到下午4—5点都有滚动发车，需要8~10小时车程。时间充裕可以在康定多停留一日，包车到新都桥和塔公草原来个草原野花一日游。

如果说雅家埂是高山植物种类最多的地方，那新都桥和塔公草原就是能见到各种野花把整个草原和整座山峦染成五颜六色大画面的场所。蓝色的倒提壶、龙胆，粉色的报春、点地梅，黄色的毛茛、马先蒿，无数不起眼的小花成片生长绽放，组成彩虹一般美丽的大花海，一直连接到天际。而富有当地特色的藏式小楼、塔公寺、木雅金塔，以及珍珠般散落在草原上的黑色的牦牛、白色的绵羊，又为这幅巨大的画卷增添了温馨的人情味。

秘籍

1. 康定机场有直飞成都的航班，只有40多分钟航程，天气晴朗时可以从空中看到壮观的贡嘎山脉全景。
2. 在草原上观察和拍摄野花，防水的衣裤和鞋子必不可少。
3. 康定住宿很多，从星级宾馆到驴友客栈，很方便找到合适的住处。
4. 游玩塔公草原后，回到康定，次日同样坐车从康定回成都即可。

龙胆

三大高山花卉之一，广布在草甸、灌丛、林下，花形颜色也十分丰富，有最吸引人的高原蓝，还有白色、红色、黄色、绿色等着你去发现。

银莲花

毛茛科银莲花属，近年非常流行的花园明星，成片的野生的银莲花是草原花海重要的组成部分。

马先蒿

玄参科马先蒿属花形非常特别的花，在高原草地林地随处可见各种颜色、大小、形态各异的马先蒿，号称千军万马。

培公草原

中国勿忘我

紫草科倒提壶属，成片的小花能组成蓝色的花海。

新都桥

康定

雪灵芝

石竹科无心菜属，垫状紧密丛生的形态暗示其是生长在海拔 4000m 以上的高山草甸、高山砾石带和山顶滑塌处的高寒植物，难得一见哦。

全缘叶绿绒蒿

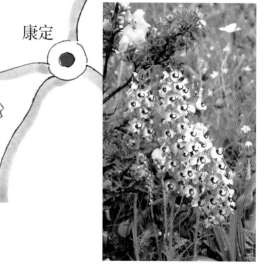

川西小黄菊

高原花卉中少有的橘色花卉，飞舞在高海拔草甸、灌丛或杜鹃灌丛或山坡砾石地的暖暖小太阳。

盆栽草花&阳台花卉

●水分补充刻不容缓：夏季开花的植物一般具有耐热耐湿的特性，生长旺盛、耗水量大，不要因为缺水而让正处在花期的植物机体受损。花盆中栽培空间有限，容易断水，如日日春、矮牵牛、牵牛花、凤仙等夏季花卉都需要早晚各浇水一次。浇水的适宜时间是早晨气温升高前和傍晚气温降低后，不要在正午浇水。

●高温对策不可或缺：夏季高温酷暑，特别是阳台温度比地面要高出许多，可以通过在地面洒水或铺着木制地垫、树皮、稻草秸秆来降低温度。把花盆聚集在一起，制造一个阴凉的小

环境也是不错的方法。

●给植物放暑假：一般春季盛开的花卉，如天竺葵、玛格丽特菊在夏季会进入一个短暂的休眠期，把握好休眠期的管理是安全度夏的保证。这处于在休眠期的植物首先要控制浇水，绝对不要施肥，应摆放在荫蔽的地方，或用遮阴网遮阴来降低温度。

●夏季病虫害不如春季多发，但是闷热的气候容易造成灰霉病的发生，注意通风管理。一旦发现生病的植物，要立刻摘除所有感染的叶片并立刻销毁，防止二次感染。

牵牛花、朝颜

5月份气温渐高后播种，长出5片真叶时，摘除顶芽以促进分发侧枝。牵牛花植株繁茂，要注意及时补充水分。

矮牵牛

矮牵牛是花期很长的植物。在梅雨结束前剪去春季开花后杂乱过长的枝条，给予肥料。新芽发出后会再次开花。

孔雀草

孔雀草的花期从春季到秋季，拉得很长，注意补充肥料，及时摘除残花。

夏堇

如果播种繁殖，长到10cm高度时要摘心，促进分发侧枝。夏堇虽然不畏炎热，但适当的遮阴可以防止叶片变黄，保持青翠姿态。

彩叶草

夏季是彩叶草的生长期，耗水量大，需要每天早晚浇水。但盆土太潮植株容易徒长，茎干过长会导致株形不丰满。彩叶草在全日照下，叶色才会鲜艳好看，所以一般不作遮阴。

茉莉

茉莉十分耐肥、喜水。生长期每周施稀薄饼肥水一次。盛夏季节每天早晚浇水，如空气干燥，需补充喷水，中午浇水易伤根。茉莉枝条萌发力强，春季换盆后，要经常摘心整形。盛花期后，需重剪更新，以利萌发新枝、开花旺盛。

南非菊

不耐闷热雨湿，注意不要淋雨。初夏时将植物修剪到 1/3 高度，可以利用剪下的枝条扦插繁殖。

石竹、康乃馨

放置于没有夕晒也不受雨淋的地方。初夏时修剪植物，注意防止过湿。

风铃草（多年生）

风铃草虽然是喜好光照的植物，但在炎热的夏天应该放置于通风良好的半阴处管理。

风铃草'五月铃'（二年生）

初夏之前必须播种，种子细小，夏季结束前在育苗钵中管理。注意防止夏季暴雨淋伤小苗。

非洲堇

非洲堇在 25℃以上的环境中就停止生长，注意保持阴凉和湿润。

几内亚凤仙

夏季是凤仙开花的季节，及时摘除残花以保证持续开花。

天竺葵

多雨的时候容易感染灰霉病，注意及时摘除枯叶和残花。叶片发黄变白表示植物准备进入休眠期，应该减少浇水，并适当修剪。

玛格丽特菊

花后修剪到植株一半的高度，放置于通风阴凉处管理，可以利用半成熟的枝条扦插。

日日春

日日春抗干旱能力极强，其群体形成后，受到干旱胁迫仍能长势良好。但不耐低温和水涝。

玉簪

玉簪在夏季开花，欣赏完花朵后应及时剪除残花。避免阳光直射，否则娇嫩的叶片会晒出灼伤痕迹。

倒挂金钟

倒挂金钟在炎夏停止生长，应放在阴凉通风处，减少浇水，切忌施肥。

微型月季

微型月季在 5 月份开花后修剪到一半高度，放置于通风处，注意防止红蜘蛛和蓟马。

蓝花鼠尾草

蓝花鼠尾草的盛花期,应该给予充足水分。花后适当修剪整理株形,会再次开花。

百日草

百日草是非常强健的植物,夏季正是其盛花期,应该充足浇水。

传统菊花

菊花夏季容易罹患虫害,一旦发现要立刻喷杀。

--- 小窍门 ---

亡羊补牢:拯救干枯的植物

有时,因为粗心大意让植物彻底缺水而干枯,可以通过以下手段来拯救心爱的植物。

 Step 1 去除所有的肥料颗粒,用报纸包裹蔫萎的植物.

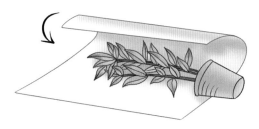

Step 2 将植物放在水桶或水盆里浸泡一晚.

Step 3 将干枯的部分剪除,遮阳数日让植物慢慢恢复生机.

树木 & 庭院花卉

●夏季是大部分开花树木花芽形成的时节，在这段时间如果修剪树木，来年就可能看不到开花。如果实在觉得株形凌乱、有碍观瞻，可以选择数根杂乱的枝条修剪，这样开花数会适当减少。

●夏季开花后的意大利铁线莲需要及时修剪，一般剪到植株一半高度即可。

●夏季的干燥会引发红蜘蛛，如果看到植物叶片上出现细如针尖的小点，就是红蜘蛛的标志。这时需要喷洒药剂驱除。红蜘蛛生长在叶片的反面，喷洒时一定要正反面都喷到。

杜鹃

杜鹃根系细致，不能缺水，7—8月份高温季节，要随干随浇。可在地面喷水，以降温增湿，并用遮阴棚遮阴，避免直射阳光。

茶花、茶梅

夏季是花芽形成时期，不宜移栽修剪。夏末，部分品种已经可以看到花蕾，如果花蕾过多，应当疏蕾至每枝枝头一朵为宜。

绣球

如果是当年购入的盆花，应在花谢后更换大一号的花盆。绣球夏季生长旺盛，注意及时浇水。可以利用半成熟的枝条扦插繁殖。

铁线莲

在初夏花后进行修剪，开花越晚的品种，修剪程度越深。铁线莲的根部需要阴凉，夏季应放在半阴处管理。注意预防红蜘蛛，如果叶片上出现细小白点，就需要及时喷药杀虫。

月季

花后及时修剪，注意通风，防止黑斑病的发生，一旦出现黑斑，剪掉病叶彻底烧毁。如果枝梢出现褐色枯萎状，可能是蓟马为害，应喷洒药剂及时杀灭。

圣诞玫瑰

圣诞玫瑰是冷季生长的植物，夏季基本处于休眠状态。可以放在半阴或全阴处。新叶恢复生长前切忌施肥。

梅、桃、梨树

夏季是蔷薇科树木花芽的形成时节，如果在此时修剪，来年就不会开花。不宜施肥。

枫树

修剪最好在落叶期间，但如果枝条伸展过长，也可以在这时适当剪掉不美观的小枝条。

栀子花

栀子花的花期是在6—7月份，花期结束后立刻修剪，整理株形，不要听任树木结果。

针叶树

针叶树多数不耐高温多湿气候，需保持通风，不宜在这个季节对它进行修剪移植操作。

樱花

花芽形成期，不宜进行修剪。如果有蛾类钻入树干，可能发生流胶病，应在夏季进行一次集中杀虫。

紫薇

夏季是紫薇的盛花期，注意不要缺水，此时不宜进行修剪或移植操作。

紫藤

夏季是花芽形成时期，不宜移植或修剪。保持稍微干燥的环境可以生成更多花芽，控制浇水。

玉兰

夏季是花芽形成时期，不宜进行移植修剪等操作。干燥炎热的气候容易诱发红蜘蛛，发现后应立刻喷杀。

桂花

桂花耐热不耐寒，在夏季高温时，可一天浇两次水，早晚各一次。如果水分供应太多，会造成落花。

丁香

夏季是次年花芽形成时刻，不宜修剪。

迎春花

夏季是次年花芽形成时刻，不宜修剪。

高山杜鹃

夏季是次年花芽形成时刻，不宜修剪。高山杜鹃不耐高温多湿气候，尽量保持通风，遮阴管理，适当控水。

含笑

含笑喜暖热湿润，夏季注意不要缺水。扦插也在夏季进行。

扶桑

夏季是扶桑的花期，注意及时补充肥料。初夏时可以用枝条扦插。

西洋杜鹃

在花后及时进行修剪，杜鹃根系纤细，一旦缺水会给植物造成严重伤害，很难恢复，炎夏特别要及时浇水。

小窍门1

四季开花品种的月季修剪

四季开花品种的月季在第一茬花开过后，修剪到株高的1/3~1/2处，夏季可让它们休养生息。从剪切的部分开始发出新芽，秋季再次开花。

长势较弱的植株只能修剪到1/3处。

长势较强的植株应该修剪到1/2处。

小窍门2

萌蘖的去除

园艺树木中很多都是嫁接树木，夏季，砧木上往往会长出萌蘖来。这种萌蘖生长势头格外强健，会夺走上面接穗部分的养分，所以一旦看到萌蘖长出，就需要及时剪除。

怎么辨别萌蘖？①萌蘖长在嫁接树木的接口之下。②萌蘖和接穗有着微妙的差别，比如月季的叶片和砧木的蔷薇叶片虽然十分相似，但仔细观察可以发现，蔷薇的小叶是7片，而月季多半是5片。③萌蘖的生长格外旺盛。

◉ 最全面的园艺生活指导，花园生活的百变创意，打造属于你的个性花园

◉ 开启与自然的对话，在园艺里寻找自己的宁静天地

◉ 滋润心灵的森系阅读，营造清新雅致的自然生活

◉《Garden&Garden》杂志国内唯一授权版

《Garden & Garden》杂志来自于日本东京的园艺杂志，其充满时尚感的图片和实用经典案例，受到园艺师、花友以及热爱生活和自然的人们喜爱。《花园MOOK》在此基础上加入适合国内花友的最新园艺内容，是一套不可多得的园艺指导图书。

精确联接园艺读者

精准定位中国园艺爱好者群体：中高端爱好者与普通爱好者；为园艺爱好者介绍最新园艺资讯、园艺技术、专业知识。

倡导园艺生活方式

将园艺作为"生活方式"进行倡导，并与生活紧密结合，培养更多读者对园艺的兴趣，使其成为园艺爱好者。

创新园艺传播方式

将园艺图书／杂志时尚化、生活化、人文化；开拓更多时尚园艺载体：花园MOOK、花园记事本、花草台历等等。

Vol.01

花园MOOK·金暖秋冬号

Vol.02

花园MOOK·粉彩早春号

Vol.03

花园MOOK·静好春光号

Vol.04

花园MOOK·绿意凉风号

Vol.05

花园MOOK·私房杂货号

Vol.06

花园MOOK·铁线莲号

Vol.07

花园MOOK·玫瑰月季号

Vol.08

花园MOOK·绣球号

订购方法

● 《花园MOOK》丛书订购电话　TEL／027-87679468

● 淘宝店铺地址

http://hbkxjscbs.tmall.com/

加入绿手指俱乐部的方法

欢迎加入绿手指园艺俱乐部，我们将会推出更多优秀园艺图书，让您的生活充满绿意！

入会方式：

1. 请详细填写你的地址、电话、姓名等基本资料以及对绿手指图书的建议，寄至出版社（湖北省武汉市雄楚大街268号出版文化城B座13楼 湖北科学技术出版社 绿手指园艺俱乐部收）

2. 加入绿手指园艺俱乐部QQ群：235453414，参与俱乐部互动。

会员福利：

1. 你的任何问题都将获得最详尽的解答，且不收取任何费用。

2. 可优先得知绿手指园艺丛书的上市日期及相关活动讯息，购买绿手指园艺丛书会有意想不到的优惠。

3. 可优先得到参与绿手指俱乐部举办相关活动的机会。

4. 各种礼品等你来领取。